W0191996

COLLECTION
ROLF HEYNE

Norbert Lewandowski

DIE WEINE DER TOSKANA

Mit Fotos von Bodo A. Schieren

Wilhelm Heyne Verlag
München

Norbert Lewandowski, geboren 1948, lebt als Journalist und Buchautor in München. Zu seinem Lieblingsthema Wein veröffentlicht der Theodor-Wolff-Preisträger bereits seit Jahren Reportagen und Beurteilungen für Fach- und Publikumszeitschriften.

Danksagung

Der Autor bedankt sich für Rat und Unterstützung bei Ursula Thurner, Florenz.

Hinweise für den Leser

Alle vorgestellten Weine sind qualitativ empfehlenswert.

★ = gute, überdurchschnittliche Qualität
★★ = ausgezeichnete Qualität
★★★ = überragende Qualität

Die Preiskategorien:

1	bis zu	15.000	Lire/Flasche
2	bis zu	25.000	Lire/Flasche
3	bis zu	30.000	Lire/Flasche
4	bis zu	40.000	Lire/Flasche
5	bis zu	60.000	Lire/Flasche
6	über	60.000	Lire/Flasche

Die Angaben über jährliche Abfüllung beziehen sich (wenn nicht anders angegeben) auf Flaschen à 0,75 Liter.

Bildnachweis:
Armin Faber (S. 11, 12, 16)
Alle übrigen Fotos: Bodo A. Schieren
Die Gläser, die auf Seite 247 abgebildet sind, haben die Firmen Riedel und Villeroy & Boch freundlicherweise zur Verfügung gestellt.

Copyright © 2000 by Wilhelm Heyne Verlag
GmbH & Co. KG, München
Umschlaggestaltung: Hauptmann und Kampa Werbeagentur, CH-Zug
Graphische Gestaltung und Satz: Marina Faggioli-Herold
Kartographie: Astrid Fischer-Leitl
Illustrationen: Almud Kunert
Herstellung: Karlheinz Rau
Druck und Bindung: RMO Druck, München
Printed in Germany

ISBN 3-453-15954-3

Inhalt

Vorwort

Die Toskana ist ein Synonym für kultivierten Lebensstil, eine Region des besonderen Geschmacks. Das bezieht sich auf die Landschaft, auf die Kultur, auf Mode, Essen – und natürlich auf den Wein. In den letzten Jahren hat die Toskana einen geradezu unglaublichen Boom erfahren. Das betrifft in erster Linie die Qualitat der Weine, die in allen Anbaugebieten auf ein höchst erfreuliches Niveau gesteigert wurde: in der Maremma mit den großen Gütern von Bolgheri als Schrittmacher, im Chianti-Gebiet, in Montalcino, Montepulciano.
In diesem Guide werden hauptsächlich und in erster Linie Rotweine vorgestellt und besprochen. Weißweine spielen in der Toskana eine untergeordnete Rolle. Die einfachen, trockenen Malvasia und Trebbiano kommen in Restaurants als Karaffenweine auf den Tisch. Es gibt auch einige überzeugende Chardonnays und Sauvignon Blancs, deren Reben in hoheren Lagen stehen (Castello Pomino, Ruffino, Villa Ortaglia etc.). Einige vielversprechende Versuche laufen mit der Vermentino-Rebe, eine Sorte die aus Sardinien und Ligurien stammt. Doch abgesehen vom Vernaccia di San Gimignano und der Dessertwein-Spezialität Vin Santo haben die Weißweine der Toskana keinen großartigen Bekanntheitsgrad. Weinfreunde und Genießer besuchen die Toskana wegen ihrer Rotweine.
Dieses Buch mochte gleichermaßen neugierigen, spezialisierten und anspruchsvollen Weinliebhabern die wichtigsten Weine und Weingüter vorstellen, aber auch einige kleine Betriebe (mit gutem Preis-Leistungs-Verhältnis), die noch nicht in der Fachpresse publiziert worden sind. Ich war dabei stets bemüht, allen Ansprüchen und Kriterien gerecht zu werden. Natürlich können nicht alle Winzer und Weinproduzenten berücksichtigt werden. Eine Auswahl von Weinen kann niemals dem Geschmack *aller* und *jedermanns* entsprechen. Insofern ist es schon möglich, daß der eine oder andere Weinfreund ausgerechnet seinen Lieblingswein nicht findet. In diesem Fall sorry, doch die Summe aller Geschmäkker ist nicht *der gute Geschmack*.

Norbert Lewandowski

Kleine Weinkunde der Toskana

Impressionen einer Traumlandschaft

Visionen von einer perfekten Landschaft sind in der Regel Traumgebilde. In der Toskana jedoch kommt die Realität dem Ideal schon sehr nahe. Die Sehnsüchte der meisten Menschen sind gewiß vielschichtiger und differenzierter, als uns die üblichen Werbeprospekte mit Abbildungen von palmengesäumten Traumstränden und Sonnenuntergangsszenarien glauben machen wollen. Die Toskana jedenfalls ist ein weitläufiges Hügelland, weniger lieblich als herb; ihre Wälder – Eichen, Kastanien, Akazien – ergeben ein ineinanderfließendes, regelloses Muster, einem Aquarell vergleichbar; Zypressen ragen wie Ausrufezeichen von den Höhen auf, umsäumen bisweilen einen Gutshof oder ein mittelalterliches *castello*; in Taleinschnitten und auf Zwischenebenen heben sich farblich die graubraunen Einsprengsel eines Weilers, eines Dorfes oder Städtchens ab, mit den klaren Konturen eines Campaniles.

Manchmal erinnert die Topografie dieser Landschaft an das Tribünenrund eines antiken Theaters. An den Hängen stehen Rebstöcke – kein Meer von Reben, eher dezent plazierte Farbtupfer, wie von einem Landschaftsarchitekten komponiert. Dazwischen Olivenbäume. Wenn der Wind in die Haine fährt, zeigen die Blätter ihr mattgrünes Silber.

Die Farben der Toskana spielen mit ihrem Betrachter, verwirren und verzaubern ihn gleichermaßen.

Streng, fast abweisend geometrisch ist dieses Bild im Winter, voller sanfter Euphorie im Frühjahr, kräftig und barock im Sommer, und der Herbst kommt mit einer ungeahnten bacchantischen Üppigkeit. Bei Vollmond tauchen die Hügel in ein bleiches Märchenlicht, und Dörfer, Gehöfte und Zypressen erheben sich wie Scherenschnitte in die Nacht.

Die Toskana kann man riechen: den schweren Duft des steinigen Bodens, den erdigen Morgendunst ihrer Wälder. Im Frühling das betörende Parfum aus Gärten und Olivenhainen. Den wilden Lorbeer und die Süße der Akazienblüten. Den berauschenden Geruch des Herbstes, wenn die Traubenernte begonnen hat.

WEINBAUGEBIETE
Chianti Classico
Montalcino
Montepulciano
Maremma
Sonstige Anbaugebiete
N
0
20 km
EMILIA-
ROMAGNA
LIGURISCHES MEER
TYRRHENISCHES MEER
UMBRIEN
LATIUM
Bianco della Val di Nievole
Chianti
Pietrasanta
Pistoia
Chianti Montalbano
Chianti Colli Fiorentini
Rosso Colline Lucchesi
Lucca
Chianti Rufina und Pomino
Montecarlo
Carmignano
FLORENZ
Chianti
Pisa
Arno
Empoli
Poppi
Bibbiena
San Miniato
Pesa
Chianti
Chianti Colli Aretini
Livorno
Sansepolcro
Radda
Arezzo
Chianti Colline Pisane
Vernaccia di S. Gimignano
Chianti Classico
Bianco Vergine della Val di Chiana
Cecina
Siena
Cecina
Chiana
Bolgheri
Chianti
Chianti Colli Senesi
Monte-
pulciano
Montepulciano
Massa Marittima
Montalcino
Chiusi
Maremma
Montalcino
Piombino
Chianti
Santa Fiora
Grosseto
Elba Bianco & Rosso
Bianco di Pitigliano
Saturnia
Marina di Alberese
Pitigliano

Und schließlich den Wein, der die Seele der Toskana ist.

Eine zauberhafte Kulturlandschaft

Das alles mögen nur unzulängliche Beschreibungen sein, aber sie tragen doch zur Erklärung bei, warum die Toskana für viele so faszinierend ist, eine Landschaft, deren Attribute – jedes für sich betrachtet – gar nicht einmal so sensationell sind. Süchtig macht erst die Summe dieser Sinneseindrücke, die Harmonie aller Teile und Teilchen dieses Puzzles. Der Besucher spürt, daß er sich in einer ganz besonderen Kulturlandschaft befindet.

Vor über dreitausend Jahren fing man hier an, sich über die Bewältigung des täglichen Überlebens hinaus Gedanken zu machen. Etrusker und Römer hatten die Hügel bebaut und kultiviert, Siedlungen und Städte gegründet, Getreide, Reben und Olivenbäume gepflanzt. Im Mittelalter hatten Adel und Stadtstaaten wie Florenz, Siena, San Gimignano, Pistoia, Pisa und Lucca das Land regiert. In der Toskana wurde, wenn man so will, die Weltwirtschaft erfunden: der Scheck, das moderne Bankwesen, die Leistungsgesellschaft des Niccolò Machiavelli.

Sie ist eine Landschaft der Wissenschaft und Kunst, gewiß eine der kultiviertesten Regionen der Welt. Galilei entdeckte hier die für Geschichte und Fortbestand des Abendlandes elementare Wahrheit, daß die Erde eine Kugel ist, die sich um die Sonne dreht. Dante, Michelangelo, Leonardo da Vinci waren Kinder der Toskana. Das Geschlecht der Medici begründete den Ruf von Florenz als bedeutendster Kunstmetropole Italiens. Und überall gewinnt der Besucher den überwältigenden Eindruck, daß diese Landschaft Geschichte atmet.

Ars vivendi oder die Kunst, das Leben zu genießen

Die Geschichte der Toskana hat in großem Umfang mit Wein zu tun. Die Toskana war und ist eine Weinlandschaft, und das wiederum heißt Bauernland.

Der Besucher kann diese Tradition schmecken: in der Würze des Olivenöls, im Brot, in der bäuerlichen Küche. Die Kunst, das Leben zu genießen, ist ein elementarer Bestandteil der toskanischen Kultur, vielleicht sogar ihr Ursprung. Etruskische Grabmale zeigen Szenen von festlich gedeckten Tafeln, offensichtlich ein sakraler Akt: Fröhliche Zecher umklammern ihre Trinkbecher, als sei die Fähigkeit des Genießens der Schlüssel für die Unsterblichkeit.

Was für ein delikater Gegensatz: Sinnesfreude und Trauer! Die Kunst zu leben, von den Römern *ars vivendi* genannt, siegt über den biologischen Tod. Dieses

Die Toskana: eine zauberhafte Kulturlandschaft

Prinzip der Antike wurde zu einer heiligen Regel erhoben – eine kluge Strategie des Überlebens. Wie sonst ist die Fähigkeit zu erklären, auf kargsten Böden derart hochwertige Öle und Weine zu erzeugen? Ein Wunder? Oder ein Geschenk der Götter? Die beste und älteste Rebsorte der Toskana weist auf römische Herkunft hin: Sangiovese, von *sangue di Giove*: das Blut des Jupiter.

Die Geschichte der Toskana-Weine

Mag sein, daß der Mythos des Göttlichen dem Toskana-Wein seinen großen historischen Erfolg beschert hat. Ganz sicher aber hatten Geschäftssinn und merkantile Klugheit der Toskaner ihren Anteil daran. Bereits im Mittelalter wurden Weine der Toskana an den englischen Königshof geliefert. Pioniere dieser

Die Toskana: ein Geschenk der Götter?

Entwicklung waren Ordensleute wie die Mönche der Abteien Badia a Coltibuono und Badia a Passignano. Die Klöster existieren nicht mehr, ihre Weingüter aber zählen noch heute zu den großen Unternehmen der Region. Neben der Kirche betrieben vor allem die großen Adelshäuser von Florenz und Siena sowie reiche Handelsfamilien Weinbau. Auch diese Tradition hat sich erhalten. Geschlechter wie die der Antinori, Ricasoli und Frescobaldi gehören heute zu den innovativsten Kräften in der Toskana. Selbst am traditionellen Weinbau-Engagement von Bankiers und wohlhabenden Kaufleuten hat sich wenig geändert. Mehr noch: Heute investieren Fabrikanten, Unternehmensgruppen und private Konsortien in den Weinbau.

Aber zunächst einmal bestimmten Aristokratie, Klerus und die merkantile Oberschicht das Weingeschäft der Toskana. Schon im 14. Jahrhundert wurde, wie aus alten Chroniken hervorgeht, in Florenz Jahr für Jahr mit über 300.000 Hektoliter Wein gehandelt: 30 Millionen Liter – eine gigantische Menge. Der Wein aus dieser Massenproduktion hat damals offensichtlich den Geschmack halb Europas getroffen, vor allem den Englands.

Florence oder *Firenze* war im 17. Jahrhundert Synonym für toskanischen Wein, ähnlich wie *Claret* oder *Bordeaux* Synonyme für die Gewächse der Dordogne und Gironde sind. Zu den leidenschaftlichen Kennern und Genießern des Florence gehörte u.a. der englische Schriftsteller Jonathan Swift.

Oliven, Getreide, Wein – die traditionelle Mischkultur

Doch anders als beim Bordeaux fand der Weinbau der Toskana in Mischkulturen statt: Das Gut, die *tenuta*, wurde von einem Verwalter geleitet und war in mehrere Bauernhöfe, die *poderi*, unterteilt. Dort bestellten Bauern in Halbpacht das Land. Weinberge im eigentlichen Sinn gab es kaum. Vielmehr sah die „Produktionsfläche" in der Regel so aus: ein paar Zeilen Reben, ein paar Olivenbäume, etwas Getreideanbau und schließlich eine kleine Weide für das Vieh. Nur so konnte der Bauer sein Überleben sichern. Die Trauben lieferte er nach der Ernte ab, an die *tenuta* oder an ein großes Handelshaus. Und dort erst entstand Wein.

Während in den klassischen französischen Anbaugebieten der Weinbau immer mehr verfeinert wurde, verfuhr man in der Toskana so wie seit Jahrhunderten. Das bedeutete Stillstand, was die Qualität des Weins anging, fatal angesichts der wachsenden, bald übermächtigen Konkurrenz in Bordeaux und Burgund, aber auch in Spanien. Wahrscheinlich hat sich der toskanische Weinbau nie so ganz von diesem Imageverlust gegenüber den klassischen Gewächsen aus Frankreich erholt. Ein historisches Versäumnis, das erst wieder auf dem Weg ins dritte Jahrtausend mit großen Anstrengungen und leidenschaftlichem Engagement der toskanischen Winzer wettgemacht werden soll.

Wie mag er geschmeckt haben, der *Firenze* jener Zeit? Fruchtig, mit einem Bouquet von vollreifen Schattenmorellen und schwarzen Waldbeeren? Herb und von feiner Süße zugleich? Wie das klassische Ideal eines Sangiovese? Oder wie ein dünner, banaler Wein, gerade mal geeignet zum Durstlöschen und Betrinken?

Der Engländer Sir Edward Barry beschrieb 1775 den Geschmack des Toskana-Weins als „unangenehm rauh". Sein Landsmann Cyrus Redding notierte Anfang des 19. Jahrhunderts in seiner „History of Ancient und Modern Wines" auch nur wenig Erfreuliches: „Die italienischen Weine sind in ihrer Entwicklung stehengeblieben und haben sich nicht verbessert, während die französischen und spanischen Kreszenzen große Fortschritte gemacht haben."

Der Toskana-Wein war vor allem kein reinsortiger Sangiovese. Diese autochthone Rebe spielte eine eher untergeordnete Rolle.

Ein Florentiner Text von 1773 beschreibt den Chianti der damaligen Zeit als einen Verschnitt, überwiegend aus Canaiolo mit einem kleinen Anteil Sangiovese, Mammolo und Marzemino, der berühmten Traube des Trentino (und aus Mozarts „Don Giovanni"). Bei einem anderen zeitgenössischen Verschnitt taucht überhaupt kein Sangiovese auf: Der Wein bestand aus Occhio di Pernice, Trebbiano, Canaiolo und Mammolo.

Andererseits gab es damals durchaus auch Tendenzen zum Qualitätsweinbau – Cuvées, die sogar Cabernet Sauvignon, die edelste Rebsorte des Médoc, enthielten. Katharina von Medici, im 16. Jahrhundert durch Heirat zur Königin von Frankreich aufgestiegen, hatte sie in Carmignano eingeführt. Doch derartige Bestrebungen waren eher die Ausnahme.

Auch gesellschaftliche Veränderungen wie die Französische Revolution, die Napoleonischen Kriege und die anschließende Säkularisierung hatten entscheidenden Einfluß auf den Weinbau. Die Besitztümer der Kirche wurden drastisch reduziert; das Weinland war weitgehend (oder fast ausschließlich) Eigentum von wenigen wohlhabenden Adelsfamilien, Finanzdynastien und Großgrundbesitzern, die im Zuge der historischen Geschehnisse enteignet wurden.

Die Wein-Revolution kam von oben

Das jahrtausendealte Wissen, wie ein guter, gehaltvoller Wein zu erzeugen ist, war in der Toskana jedoch nicht völlig verschwunden. Die alten Regeln und Gesetze hatten nach wie vor ihre Gültigkeit, die Topographie war die gleiche geblieben, die Kenntnisse des Terroirs waren von Generation an Generation weitergegeben worden. Im Chianti-Gebiet, dem Herzstück der Toskana, werden Reben in einer durchschnittlichen Höhe zwischen 300 und 650 Meter über dem Meeresspiegel gepflanzt. Man wußte, daß Rotweine aus höheren Regionen schlanker, feingliedriger, aber auch dünner werden, Gewächse aus tieferen Lagen kraftvoller, wuchtiger, alkoholischer, aber auch breiter. Man wußte, daß Sangiovese von allen in der Toskana verbreiteten Rebsorten die besten Ergebnisse erzielt. Und man wußte, daß bei geringeren Erträgen mehr Kraft und Frucht in der Traube steckt, mithin im Wein.

Dennoch benötigte der toskanische Weinbau einen intellektuellen und charakterstarken Schrittmacher, der ihn aus seinem lethargischen Trott erlösen würde. Er trat auf in Gestalt von Baron Bettino Ricasoli, dem Sproß einer großen, uralten Adelsfamilie mit jahrhundertelanger Weinbautradition. Ricasoli war einer der klügsten Köpfe des Landes.

1861 wurde er der zweite Premierminister des neuen, geeinten Italiens. Und in Sachen Wein war er ein unbestrittener Experte. Innerhalb von zehn Jahren, zwischen 1850 und 1860, „entwickelte“ er den Toskana-Wein der Zukunft, eine Cuvée mit der simplen Formel „Sangiovese plus Canaiolo“: den Chianti Classico. Dieser Wein wurde gegen Ende des 19. Jahrhunderts ein großer Erfolg, von dem auch andere „Weinmarken“ der Toskana profitierten. Aus Montepulciano kam der Vino Nobile di Montepulciano. Und in Montalcino hatte Ferruccio Biondi-Santi 1888 den ersten Brunello kreiert, einen Wein, der sich freilich erst in den 50er Jahren des 20. Jahrhunderts durchzusetzen begann. Immerhin waren vor über hundert Jahren bereits jene Marken präsent, die auch heute einen entscheidenden Anteil am Welterfolg des Toskana-Weins ausmachen. Zudem wurden in jener Epoche auch die großen Handelshäuser gegründet, die vor allem Chianti vertrieben, wobei sie besonders die italienischen Einwanderer in die USA im Auge hatten (siehe Ruffino). Der Wein aus der Toskana hatte wieder Weltgeltung.

Perfekte Weine – oder Produkte ihrer Zeit?

Wie aber haben die Weine dieser Epoche geschmeckt? Der amerikanische Weinautor und Herausgeber des italienischen Wein-Guides „I Vini di Veronelli“, Daniel Thomases, glaubt: „Die alten Toskaner-Weine waren sicher gute Produkte, aber eben Produkte ihrer Zeit.“ Durch die Beigabe von weißen Sorten wie Trebbiano und Malvasia im Chianti Classico, Rebsorten, die schon im Weinberg im damals üblichen gemischten Pflanzenbesatz neben Rotweinreben standen, verloren die Weine einen Teil ihrer ursprünglichen Kraft. Außerdem wurden sie häufig unter mangelhaften hygienischen Verhältnissen vinifiziert und überlang im Faß ausgebaut. Vermutlich wären diese Weine für heutige, verwöhnte Konsumenten zu unausbalanciert und oxidativ, für damalige aber waren sie nahezu perfekt. Noch heute tendieren toskanische Traditionalisten dazu, diese Vergangenheit zu verklären und zu glorifizieren. Wie dem auch sei. Der Weinbau in der Toskana hatte einen Aufschwung erlebt, der leider in den 50er und 60er Jahren des 20. Jahrhunderts fast vollständig zum Erliegen kam.

Chianti – die Flasche im Bastkörbchen

Die Krise in der zweiten Hälfte des 20. Jahrhunderts bedeutete für den toskanischen Weinbau einen nur schwer wieder gutzumachenden Imageverlust. Was

Weinernte in Greve

war – gewissermaßen über Nacht – geschehen? Viele Faktoren kamen zusammen: die Landflucht der Bevölkerung, das Ende des Halbpachtsystems, die Verrottung der Weinberge, schlechte, überalterte Fässer, mangelnde Hygiene, Massenerträge um jeden Preis und eine Profitgier, die sich später als ruinös erweisen sollte. Die Formel des großen Ricasoli für einen Chianti Classico – Sangiovese plus Canaiolo – wurde pervertiert zu: *Sangiovese* plus *Malvasia*. Der Baron wollte Kraft, Ausdruck, vor allem aber die ungestümen Tannine des Sangiovese mit einem ganz geringen Anteil Malvasia mildern. Doch als teilweise über 30 Prozent Malvasia zugegeben wurden, schmeckten die hellroten Weine nur noch dünn, mager, säuerlich, absolut charakterlos. Die Toskana überschwemmte den Markt zu Schleuderpreisen mit diesen billigen Weinchen. Und weil Qualität kein eigenständiges Merkmal mehr war, griff man zu einem anderen Mittel, um den Wein zu etwas Besonderem zu machen: Man lieferte die bauchige Flasche Chianti im Bastkörbchen. Das sah so schön italienisch aus. Zumal Menschen überall auf der Welt Italien und seine „unvergleichlichen“ Produkte liebten: Pizza, Spaghetti, Espresso, Rocco Granata – und *vino*. Wie echter Wein aus der Toskana schmeckt, sollte den meisten Konsumenten für eine lange Zeit verborgen bleiben. So wurde die Flasche im Bastkorb zum – leider armseligen – Symbol für Chianti Classico.

Kehrtwende: Qualität mit *Super Tuscans*

Natürlich gab es immer Betriebe, die ihren ausgezeichneten Standard gehalten haben – und zum Glück gab es auch die Feuerköpfe und Überzeugungstäter, die ganz einfach nur einen besseren, am liebsten einen viel besseren Wein erzeugen wollten. Ohne solche Einzelgänger wäre der Weinbau der Toskana in seiner Dichte und Spezialisierung zugrunde gegangen. Die ersten deutlichen Impulse kamen wiederum aus der Beletage der Weingutsbesitzer. Piero Antinori und Marchese Incisa della Rocchetta brachten in den 70er Jahren, als das Image der Toskana völlig am Boden war, eigene Weine auf den Markt. Weine, die nicht dem landläufigen Charakter und der allgemeinen Vorstellung von Toskana-Weinen entsprachen. Es waren Gewächse, die einem internationalen Standard genügten und den Vergleich mit großen Bordeaux oder Kaliforniern nicht zu scheuen brauchten, diese – bei etlichen Blindverkostungen – sogar noch übertrafen: *Tignanello* und *Sassicaia*. Diese Weine waren schlichtweg önologische Sensationen aus der Toskana. Allerdings, typisch für die Region waren sie nicht, doch das war auch wohl nicht das Ziel. Der Sassicaia wurde aus der französischen Edelrebe Cabernet Sauvignon gekeltert, der Tignanello aus Sangiovese *und* einem kleineren Anteil Cabernet, beide gereift in kleinen französischen Eichenfässern, den Barriques. Eine Revolution in der Toskana, ja in ganz Italien. Diese Weine verblüfften nicht nur das Ausland, sie waren in der Toskana nun der Maßstab für Qualität. In ihrem Sog entstand ein neues Bewußtsein, das zur Phase der großen toskanischen Tafelweine, der sogenannten *Super Tuscans*, führte: Weine, die nicht nach der herkömmlichen Rezeptur – Sangiovese plus Canaiolo plus Malvasia plus Trebbiano – hergestellt wurden (wobei man freiwillig auf die kontrollierte Ursprungsbezeichnung DOC verzichtete).

Es waren zum Teil recht eigenwillige Kompositionen, die heute von etlichen Kritikern als Designerweine verschrien werden (was sicher nicht ganz falsch ist). Doch ein großes Verdienst kommt ihnen zu: Sie sorgten für eine fast schon sensationelle Anhebung der allgemeinen Qualität. Dabei wurden (und werden noch immer) Rebsorten verwendet, die größtenteils aus Frankreich stammen: Cabernet Sauvignon, Merlot, neuerdings auch Syrah, bisweilen Pinot Noir und vereinzelt Cabernet Franc. Aus

ihnen und aus zum Teil raffinierten Cuvées mit Sangiovese komponierten Spezialisten Weine internationalen Stils. Die Toskana erregte wieder Aufsehen.
Man mag darüber streiten, wieviel Unfug damit auch produziert, wieviel Verwirrung gestiftet wurde, doch ohne die *Super Tuscans* wäre der Weinbau der Toskana nicht auf dem heutigen Niveau.

Die Önologen und ausländischen Investoren

Einigen wenigen Männern ist diese neue Qualität zu verdanken: hochqualifizierten Önologen, die als freischaffende Berater bei den renommiertesten Weingütern unter Vertrag stehen. Um nur die bekanntesten zu nennen: Franco Bernabei, Carlo Ferrini, Maurizio Castelli, Vittorio Fiore, Paolo Vagaggini, Roberto Cipresso, Marco Pallanti und – allen voran – Giacomo Tachis. Sie sind es, die zweifelsohne den Weinbau der Toskana prägen und auch jene Güter beraten, die im Besitz von Ausländern und „Nicht-Toskanern" sind.
Überwiegend Schweizer, aber auch einige Deutsche, Amerikaner und Engländer sowie Italiener aus Rom, Mailand und Neapel haben sich ihren toskanischen Traum erfüllt und ein Weingut gekauft. Meist sehr wohlhabende Bonvivants, die aus allen möglichen akademischen Berufen kommen – nur nicht aus dem Weinbau. Doch sie alle werden von einer gemeinsamen Leidenschaft beseelt: der, erstklassige Weine zu erzeugen.
Und damit haben auch sie zur toskanischen Qualitätssteigerung beigetragen. Die meisten dieser Weingüter sind finanziell vollkommen autark. Sie können sich beste Lagen, Kellertechniken, Fässer leisten. Und vor allem: niedrige Erträge, aus denen große Weine gekeltert werden. Auf solche Herausforderungen muß auch „einheimische" Konkurrenz reagieren. Die Folge: ein Wettbewerb mit hohen Qualitätsanforderungen.

Der Weinboom in der Toskana

Zur Zeit ist die Toskana das innovativste Anbaugebiet Italiens. Überall werden neue Rebflächen angelegt. Einzelne Großbetriebe (Antinori, Frescobaldi, Ruffino) bepflanzen bis zu 100 Hektar im Jahr neu. Die Investitionen sind gewaltig, wenn man bedenkt, daß die Neubepflanzung (inklusive Bodenaufbereitung) durchschnittlich 100.000 Mark pro Hektar kostet. Internationale Häuser gehen in der Toskana aufsehenerregende Joint-ventures ein, zum Beispiel der Kalifornier Mondavi mit Frescobaldi. Investiert wird auch in modernste Kelleranlagen, in neue Barriques, in neue, bessere Sangiovese-Klone aus den Rebschulen. Damit ist klar, wohin der Trend geht: zurück zum Sangiovese, zum toskanischen Ursprung. In der Maremma, einem aufstrebenden Anbaugebiet, beweisen bereits einige Pioniere, daß mit Sangiovese, in diesem Fall Morellino, große Weine erzeugt werden. Hier werden auch Cabernet Sauvignon – Böden und Klimabedingungen sind nahezu ideal – und Merlot eine große Zukunft haben. In Montalcino und Montepulciano wird Sangiovese in Brunello, Vino Nobile und vor allem in der neuen Generation von Rosso-Weinen eine bisher ungeahnte Rolle spielen.

Die ganz große Zukunft aber steht dieser Rebsorte, die mittlerweile als eine der besten Rotweinsorten der Welt anerkannt ist, im Chianti, dem Herzen des toskanischen Weinbaus, bevor. In allen acht DOCG-Appellationen – Chianti, Colli Pisani (um Pisa), Colli Fiorentini (um Florenz), Montalbano (nordwestlich von Florenz), Rufina (östlich von Florenz), Classico (zwischen Florenz und Siena), Colli Senesi (fast die gesamte Provinz Siena) und Colli Arentini (um Arezzo) – geht der Trend eindeutig zum Chianti. Die Zeit der Super Tuscans scheint vorüber. Lorenza Sebasti vom renommierten Gut Castello di Ama hat bereits 1997 ein Resümee gezogen: „Nach den wilden 80er Jahren müssen wir uns darauf besinnen, daß weniger meist mehr ist.“ Ihr Betrieb, einer der großen Namen der Toskana, setzt auf eine Zukunft mit Chianti Classico: charaktervolle Weine aus besten Lagen. Das Consorzio del Marchio Storico, dessen Markenzeichen der berühmte *Gallo Nero*, der Schwarze Hahn, ist, hat das Programm „Chianti 2000“ ausgerufen. Ziel: eine radikale Qualitätsaufwertung des Chianti. Ab dem Jahr 2000 werden 70 Prozent der Weinberge mit den besten Sangiovese-Klonen neu bestockt.

Wird der Chianti Classico dieser neuen Generation schmecken? Es gibt bereits einige Güter, z.B. Ama, Rampolla, Felsina, Riecine, Valtellina, Cacchiano, Fonterutoli, Poggerino, Fontodi, San Giusto a Rentennano, die zeigen, wohin der Weg geht. In eine überaus erfreuliche Richtung: zu gehaltvollen Weinen mit warmem, reifem Bouquet, kräftigem bis elegantem Körper und spürbaren Tanninen, die perfekt in die betörende Sangiovesefrucht eingebunden sind. Der einzige (wohl unabwendbare) Nachteil: Die Preise werden steigen.

Die Traubensorten

Cabernet Sauvignon

Die klassische Bordeaux-Rebe kommt aus Frankreich und ergibt kraftvolle Rotweine mit ausgeprägter Cassis-Frucht. Cabernet Sauvignon wird in zunehmendem Alter immer runder und ausdrucksvoller. In der Verbindung mit Sangiovese werden die Weine körperreicher.

Canaiolo Nero

Toskanische Rotweinrebsorte, deren Trauben neben dem Sangiovese als zweite Sorte beim herkömmlichen Chianti Classico verwendet werden. Stark rückläufiger Anbau.

Chardonnay

Die beste Weißweinrebe der Toskana kommt ebenfalls aus Frankreich, und zwar aus dem Burgund. In den höheren Lagen der Toskana erzielt Chardonnay durchaus respektable Ergebnisse: Weine, die auch das nötige Säuregerüst haben.

Malvasia

Eine der ältesten Rebsorten des Mittelmeerraums. Ursprünglich kommt sie von den Ägäischen Inseln. In der Toskana gibt es sie als Weißwein- und Rotweinrebe (Malvasia Nero). Sie wurde und wird im Chianti Classico dem Sangiovese beigegeben. Die trockenen Weißweine aus Malvasia sind belanglos, hingegen kann die Sorte beim Vin Santo ihre Klasse unter Beweis stellen.

Merlot

Auch diese Rebsorte stammt aus Frankreich, wo sie am rechten Dordogne-Ufer zu höchster Vollendung gedeiht. Auch in der Toskana zeigt der Merlot teilweise gute Ergebnisse. Die früh reifende Sorte ergibt weiche, mollige Weine mit femininer Pflaumen- und Beerenfrucht; sie eignet sich auch hervorragend zur Abrundung von Sangiovese und Cabernet Sauvignon.

Pinot Nero

Die burgundische Rotweinrebe, in Deutschland auch als Spätburgunder bekannt, ist in der Toskana relativ selten, da sich Weine durch die große Sommerhitze ziemlich breit und alkoholisch präsentieren. Doch es gibt Ausnahmen (Ruffino, Castelli Pomino). Insgesamt wird dem Pinot Nero in der Toskana keine große Zukunft vorausgesagt.

Sangiovese

Die bedeutendste und am weitesten verbreitete Traubensorte der Toskana ist eine autochthone Rotweinrebe. Bei reduzierten Erträgen ergibt der Sangiovese einen kraftvollen, fruchtbetonten Wein mit bisweilen harten Tanninen. Gutes Lagerpotential. In Montalcino und Montepulciano dominiert die Sangiovese-Art Prugnolo gentile, in der Maremma der Morellino, ebenfalls eine Sangiovese-Rebe.

Sauvignon Blanc

Diese Weißweinsorte von der burgundischen Loire ist in der Toskana noch relativ selten. Ihre trockenen Weine haben eine angenehme Zitrusfrucht. Groß werden solche Gewächse aber nur, wenn die Säurewerte nicht zu niedrig sind. Weine, die aus geringen Erträgen stammen, vertragen durchaus den Barriqueausbau.

Syrah

Diese Rebsorte stammt aus dem Rhônetal, wo sie dunkle, fast schwarze, extraktreiche Rotweine ergibt. Syrah, in Übersee auch als Shiraz bekannt, liegt vor allem in der südlichen Toskana im Trend, wo auch die klimatischen Bedingungen für die Rebe vorhanden sind.

Trebbiano

Eine der ältesten Weißweinsorten Italiens; auch heute noch die meistverbreitete Weißweinrebe der Toskana. Die trockenen Weine sind einfach und ohne großen Charakter.

Vermentino

Eine qualitativ überzeugende Weißweinrebe, die frische, fruchtige und nicht zu schwere Weine ergibt. Sie ist in Ligurien und auf Sardinien weit verbreitet und wird in den Küstenbereichen der Toskana immer beliebter. Idealer Wein zu Fischgerichten.

Vernaccia

Vernaccia di San Gimignano ist eine Rebsorte, die einen fruchtigen, würzigen Weißwein ergibt. Durch die Massenerträge der letzten zwanzig, dreißig Jahre hat dieser Wein viel von seiner Reputation verloren. Erst in jüngster Zeit haben einige engagierte Winzer dem Vernaccia wieder zu einiger Anerkennung verholfen.

CHIANTI CLASSICO

Castello di Ama

Fattoria di Ama s.r.l., Inhaberin: Lorenza Sebasti
Loc. Ama, Frazione Lecchi in Chianti, 53010 Gaiole in Chianti,
Tel. 0577/74 94 98
Verkauf in Vinothek Rinaldi unten im Dorf Lecchi, Tel. 0577/74 60 21

Gesamtqualität: ★★★
Rebfläche: 80 ha
Jährliche Abfüllung: 350.000
Preisniveau: 3–6

Die Spitzenweine

Chianti Classico★★★
Chianti Classico Bellavista★★★
Chianti Classico
La Casuccia★★★
Vigna l'Apparita Merlot★★★

Andere Weine

Pinot Nero Vigna Il Chiuso★★
Pinot Grigio Bellaria★★
Chardonnay
Vigna al Poggio★★ (weiß)
Chardonnay★★ (weiß)

Ausbau der Spitzenweine

In neuen und gebrauchten französischen Barriques, 12–14 Monate. Langes Flaschenlager.

Stil der Spitzenweine

Hochkonzentrierte Frucht mit Kakaotönen, perfekt eingebunden in charaktervolle Tannine. Bei Blindverkostungen kam es vor, daß die Chianti, Merlots und Pinot Neros mit edlen Gewächsen aus Frankreich verwechselt wurden. Kein Wunder also, daß die kraftvollen Di-Ama-Weine den Ruf eines italienischen Pétrus genießen. Sie gehören derzeit zum Besten, was man in der Toskana trinken kann.

Der Senkrechtstarter in der Toskana

Castello di Ama zählt zu jenen Traditionsgütern, die den aristokratischen Charme der Zentraltoskana ausmachen. Das Schloß existiert schon seit Jahrhunderten und fügt sich harmonisch in die impressionistische Hügellandschaft.

Diese Harmonie von Landschaft und Kultur muß 1974 auch vier römische Bauindustrielle bewogen haben, das Anwesen zu übernehmen und viel Geld in das Weingut zu investieren. Seinerzeit befand sich der toskanische Weinbau größtenteils noch in einem tiefen Jammertal. Die Investoren gingen die Herausforderung jedoch konsequent an: Die neue Kellerei wurde mit der neuesten Technik ausgestattet, nach sorgfältigen Bodenanalysen und der präzisen Erforschung des jeweiligen Kleinklimas wurden neue Weinberge angelegt: So entstanden die Cru-Lagen Bellavista und La Casuccia. Letztendlich hatte sich die Erkenntnis durchgesetzt – und auch darin war in Ama Pionier –, daß große Weine in erster Linie in der Natur entstehen und weniger im Keller. Und neben der Traditionssorte Sangiovese wurden auch Reben gepflanzt, die in der Toskana eigentlich nicht heimisch sind: etwa der komplizierte Pinot Nero (Pinot Noir) oder Merlot. Die Merlot-Rebe liefert heute den Wein, der Castello di Ama weltberühmt gemacht hat: den mächtigen Vigna l'Apparita. Aber auch der Vigna Il Chiuso aus Pinot Nero gewinnt allmählich einen Kultstatus. Der Spitzenwein des Hauses wird künftig jedoch der Chianti Classico sein – keine Riserva, sondern schlicht Chianti Classico: kraftvoll und elegant zugleich. Beim Jahrgang 1997 der schönste seiner Art in der Toskana.

Kongeniale Weinmacher

Das Gut wird von der temperamentvollen, attraktiven Lorenza Sebasti geleitet, gemeinsam mit ihrem Mann Dr. Marco Pallanti, einem der großen Önologen der Toskana, der Anfang der 80er Jahre kam. Pallanti konnte dabei auf die Hilfe und den Rat von Patrick Léon zurückgreifen, den die römischen Investoren ebenfalls engagiert hatten. Léon hatte sich im Wein-Olymp des Bordelais – Château Mouton-Rothschild einen großen Namen gemacht. Von seinen Erfahrungen profitierte auch Castello di Ama, das gegenwärtig zu den besten Weingütern Italiens, vielleicht sogar der Welt, gehört.

Weitere Produkte

Olivenöl extravergine, Grappa.

Besonderheiten

Degustationen in einer Taverne im alten Weinkeller.

Badia a Coltibuono

Besitzer: Piero Stucchi Prinetti
Loc. Badia a Coltibuono, 53013 Gaiole in Chianti, Tel. 0577/74 94 98
Verkauf in einer Vinothek: Mo–Sa 9.30–13 und 14–19 Uhr

Gesamtqualität: ★★
Rebfläche: 50 ha
Jährliche Abfüllung:
250.000 vom Weingut
800.000 insgesamt
Preisniveau: 2–5

Der Spitzenwein

Sangioveto★★

Andere Weine

Chianti Classico★
Chianti Classico R.S.★
Chianti Classico Riserva★★
Chianti Classico Riserva Storiche★★
Sangiovese Cancelli★
Cetamura Bianco
Trappoline★ (weiß)
Sella del Boscone★ (weiß)
Vin Santo

Ausbau des Spitzenweins

Jeweils ein Jahr in Barriques und traditionellen Gebinden aus slawonischer Eiche.

Stil des Spitzenweins

Ein Sangiovese der perfekten Art. Üppiges Bouquet von Beeren und schwarzen Kirschen, wundervoll eingebundene, saftige Gerbsäure und ein großer Nachhall.

Die Abtei der guten Ernte

Daß Tradition eine großartige Zukunft haben kann, beweisen die Erzeugnisse dieses Weinguts Jahr für Jahr. Schon vor tausend Jahren bauten hier, auf den Höhen östlich von Gaiole, Mönche Wein an. Sie nannten ihr Kloster Badia a Coltibuono – Abtei der guten Ernte. Nach der Säkularisierung Anfang des 19. Jahrhunderts erwarb der Florentiner Bankier Guido Giuntini das mittelalterliche Kloster mit dem Weingut, das heute im Besitz seines Urenkels Piero Stucchi Prinetti und seiner Familie ist. Trotz seiner Größe ist das Gut noch ein echter Familienbetrieb, der unter der Leitung von Prinettis Sohn Roberto steht. Um den Verkauf kümmert sich Prinettis Tochter Emanuela.

Seit die Mönche den Weinbau in der Toskana kultivierten, hat sich dort viel verändert. Auf Badia a Coltibuono jedoch ist man den Erkenntnissen der Mönche treu geblieben: Während in allen Regionen Merlot, Cabernet Sauvignon, ja sogar Pinot Nero gepflanzt werden, setzen die Familie und ihr Önologe Maurizio Castelli weiterhin auf Sangiovese, die große autochthone Sorte der Toskana. Modeweine sind nicht ihre Sache. Chianti Classico und Chianti Classico Riserva werden nach wie vor mit 90 Prozent Sangiovese und zehn Prozent Canaiolo assembliert und dann bis zu zwei Jahre in Barriques – eine der wenigen Neuerungen – und großen Eichenfässern ausgebaut. Der Spitzenwein Sangioveto wird aus Sangiovese-Trauben vom ältesten Weinberg des Besitzes gekeltert. Der Ertrag ist nicht sehr groß, doch die Früchte sind von erlesener Qualität.

Überhaupt wird Qualität auf diesem Weingut großgeschrieben. Dafür spricht nicht zuletzt die neue, moderne Kellerei, die im Februar 2000 ihren Dienst aufnahm.

Weitere Produkte

Sehr berühmt ist das feine Olivenöl extravergine von Badia a Coltibuono. Besitzer Piero Stucchi Prinetti hat es als erster in flache, eckige Flaschen abgefüllt, mittlerweile ein Kennzeichen für höchste Qualität.

Sonstige Produkte: Grappa, Essig, Honig.

Besonderheiten

Zum Anwesen des Weinguts gehört ein Restaurant, das auch Kochkurse veranstaltet.

Barone Ricasoli

Besitzer: Barone Francesco Ricasoli
Castello di Brolio, 53013 Gaiole in Chianti, Tel. 0577/73 01
Verkauf ab Castello: werktags 8–17 Uhr

Gesamtqualität: ★★
Rebfläche: 200 ha
(Castello di Brolio allein 27 ha)
Jährliche Abfüllung: 980.000
Preisniveau: 1–5

Die Spitzenweine

Casalferro★★★
Rocca Guicciarda
Chianti Classico Riserva★★

Andere Weine

Brolio Chianti Classico
Formulae 1996★
Toricella – Chardonnay (weiß)

Ausbau der Spitzenweine

Der Casalferro kommt nach der temperaturgesteuerten Gärung für 18 Monate ins Barrique. Der Rocca Guicciarda reift in mittelgroßen Fässern aus slawonischer Eiche und dann noch acht Monate auf der Flasche, bevor er in den Handel kommt.

Stil der Spitzenweine

Der Casalferro '96 wurde von der italienischen Wein-Bibel „Gambero Rosso" zum „besten Sangiovese des Jahres" gekürt. In der Tat ein wundervoller, rubinroter Wein mit zartem Veilchen-Bouquet und großartigem Körper mit elegant eingebundenen Tanninen. Der Rocca Guiccarda ist ein gelungener Chianti Classico Riserva mit einem feinen Vanille-Bouquet und delikaten Fruchtnoten von schwarzen Beeren.

Die Erfinder des Chianti Classico

Anno 1141 begannen die Herren derer von Ricasoli mit dem Bau des Castello di Brolio im Herzen des Chianti. Es sollte eine Hochburg im Weinbau werden – spätestens, als der „eiserne Baron" Bettino Ricasoli, übrigens auch Italiens zweiter Premierminister, 1874 in einem Brief an Professor Studiati von der Universität Pisa die Zauberformel für einen perfekten Rotwein aus dem Chianti aufschrieb: überwiegend Sangiovese, veredelt mit Canaiolo für langsam reifende Weine, Malvasia und Trebbiano für die schnelle Trinkbarkeit, für einen Wein „für jeden Tag". Diese Regel galt bis weit über die Mitte des 20. Jahrhunderts hinaus. Castello di Brolio wurde eines der bedeutendsten Weinbauzentren der Toskana – und mußte dennoch in den 70er Jahren einen Tiefpunkt hinnehmen: Der Weinbetrieb ging in Konkurs und wurde an den kanadischen Getränkekonzern Seagram verkauft. Erst 1991 gelang es Francesco, dem 32. Baron Ricasoli, das Gut zurückzukaufen. Und wieder, so scheint es, strebt Castello di Brolio neuen Höhepunkten entgegen. Mittlerweile hat das Familienunternehmen erneut 200 Hektar Reben im Ertrag; dazu gehören freilich auch Weinberge außerhalb des Terroirs von Brolio, das nur 27 Hektar umfaßt.

Tradition als Innovation

Der 32. Baron, eher nüchterner Managertyp als leidenschaftlicher Weinmacher, sieht die Zeit eines erneuten Umbruchs gekommen. Er setzt auf die Sangiovese-Rebe, die autochthone Sorte der Toskana. Mit diesem Bekenntnis zur Tradition hatte der Nachfahre von Bettino Ricasoli schon einigen Erfolg aufzuweisen: Sein Chianti Classico Riserva ist ein gut gemachter Wein, der genausogut zu einem einfachen Essen wie zu einem großen Menü paßt. Der Formulae 1996 präsentiert sich als junger, ungemein süffiger Sangiovese, ein Wein, der auch jüngere Leute begeistern kann. Mit dem eleganten „Casalferro" hat Francesco Ricasoli seinen bislang größten Treffer gelandet.

Und der Baron plant schon den nächsten Coup: Mit seinem erstklassigen Önologen Carlo Ferrini möchte er auf Castello di Brolio nach dem Vorbild vieler Bordeaux-Châteaux nur noch einen einzigen Wein erzeugen – einen Ersten Wein, einen Knüller. Den „Prototyp" hat er schon im Keller: Monferrato, einen Sangiovese der Spitzenklasse, fruchtig und voller Charakter.

Besonderheiten

Zu Kellerei und Castello gehört auch die Osteria di Brolio, ein Restaurant mit den Weinen des Hauses. Tel. 0577/74 71 94.

Castello di Bossi

Besitzer: Castello di Bossi s.r.s.
Loc. Bossi in Chianti, 53010 Castelnuovo Berardenga, Tel. 0577/35 93 30
Verkauf ab Weingut: Mo–Fr 9–14 Uhr

Gesamtqualität: ★★
Rebfläche: 77 ha
Jährliche Abfüllung: 500.000
Preisniveau: 2–4

Der Spitzenwein

Chianti Classico Berardo Riserva★★

Andere Weine

Chianti Classico★
Corbaia★

Ausbau des Spitzenweins

Der Berardo wird zwischen 18 und 24 Monate im Barrique ausgebaut. Anschließend reift der Wein sechs Monate auf der Flasche.

Stil des Spitzenweins

Leuchtendes Rubin und ein zunächst eigenwilliges Bouquet von Holznoten und Gewürznelken. Gute Struktur im Mund, Geschmack von Kirschen und Cassis.

Leistungsträger Sangiovese

Das südliche Chianti Classico um Castelnuovo Berardenga ist eine liebliche, von Hügeln bestimmte Landschaft, die zudem auch interessante geologische Formen aufzuweisen hat. Der felsige Boden der Zentraltoskana trifft auf die Crete Senesi, eine dicke Lehmschicht (*creta* = Lehm), die meist runde Hügelformen bildet. Geographisch betrachtet gehört dieses Gebiet zu Siena. In dieses anmutige Landschaftsbild fügt sich das an ein Herrenhaus erinnernde Castello di Bossi mit seinen weitläufigen Weinbergen perfekt ein. Hier, in dieser mittellockeren Bodenformation – Kalkstein und Ton –, ist die Sangiovesetraube zu Höchstleistungen fähig.

Die Rebanlagen des Betriebs befinden sich auf einer durchschnittlichen Höhe von 325 Metern. Das bedeutet, daß die Weine weder zu dünn (zu hoch) noch zu alkolisch (zu tief) geraten. Ein Vorteil, den ein ausgezeichneter Önologe zu nutzen weiß, wenn auch das Rebmaterial mit neuen, qualitativ leistungsfähigeren Klonen vorhanden ist – und zudem geringere Erträge und schonender Kellerausbau hinzukommen.

Andrea Mazzoni ist so ein Fachmann. Unter der Leitung von Direktor Franco Benvenuti erzeugt er Weine von opulenter Struktur und weichen Tanninen. Ein Geschmackserlebnis, das bei der Riserva Berardo bisweilen an einen Brunello erinnert. Weinkritiker waren vom 95er begeistert; in der italienischen Wein-Bibel „Gambero Rosso" hat er nur knapp die Höchstwertung von drei Gläsern verfehlt. Ähnliche Qualitäten bringt auch die Riserva Corbaia ins Glas. Der „simple" Chianti Classico kann dem nicht ganz folgen, hat aber durch seine frühe Trinkreife und Fruchtigkeit einen eigenen, bezaubernden Charme, insbesondere der Jahrgang 1997.

Das überdurchschnittlich große Weingut ist mit Edelstahltanks, traditionellen Eichenfässer aus slowenischem Holz und französischen Barriques bestens für die Aufgaben der Zukunft gerüstet.

Weiteres Produkt

Olivenöl extravergine.

Besonderheiten

Castello di Bossi bietet im Rahmen des Agriturismo-Programms der Toskana 11 Ferienwohnungen auf dem Weingut an. Außerdem können Weinproben mit einem kleinen Imbiß für 20 Personen verabredet werden.

Podere La Brancaia

Besitzer: Bruno und Brigitte Widmer
Loc. Brancaia, 53011 Castellina in Chianti, Tel. 0577/74 30 84
Besuch vorher anmelden

Gesamtqualität: ★★
Rebfläche: 19 ha
Jährliche Abfüllung: 50.000
Preisniveau: 3–5

Der Spitzenwein

Brancaia★★

Andere Weine

Chianti Classico★★

Ausbau des Spitzenweins

Der Brancaia wurde bis zu 18 Monate im Barrique ausgebaut. Danach lagert er zwischen 6 und 12 Monaten auf Flasche.

Stil des Spitzenweins

Dichtes Rubin, tiefgründiges Bouquet (schwarze Beeren, Kirschen, Kakao, Kaffee, Rösttöne) und harmonische Balance zwischen Frucht und Tanninen.

Saftige Chianti nach Schweizer Art

Ein Bauernhaus in der Toskana. Mit ein paar Olivenbäumen und Rebzeilen. Diesen Traum kennt jeder Toskana-Süchtige. Brigitte und Bruno Widmer haben ihn realisiert. 1981 hatte der Schweizer Werbefachmann das Haus in den Hügeln von Castellina gekauft. Natürlich waren auch ein paar Reben dabei. Und natürlich haben die Widmers dort ihren eigenen Wein gekeltert, besser gesagt, er wurde von einem befreundeten Weingut nach den Wünschen des Schweizers geerntet, ausgebaut und verkauft. Diese Nachbarschaftshilfe besorgte eines der renomiertesten Güter der Toskana. Die Familie Mazzei von Castello Fonterutoli kümmert sich um die Pflege der Weinberge, um Ernte, Ausbau im Keller und Verkauf. Und sie bestärkte die Widmers, das Weinbau-Hobby zu einem ernstzunehmenden Betrieb auszubauen. Entsprechende Vorstellungen hatte auch der Schweizer. Er wollte einen Rotwein erzeugen, der sich vom üblichen Toskana-Standard enorm abhebt. Genau das gelingt ihm nun mehr und mehr.

Inzwischen stellt Bruno Widmer seinen Wein in einem neu eingerichteten Keller selbst her, unterstützt vom Önologen Carlo Ferrini. Die Weine von Brancaia zählen zu den „saftigsten" Chianti, und sie haben eingeschworene Anhänger. Außerdem hat der Seiteneinsteiger Widmer den Brancaia kreiert: einen roten Tafelwein aus Sangiovese mit Cabernet Sauvignon und Merlot. Die größte Rolle wird in Zukunft jedoch der Chianti Classico spielen. Ein qualitativ hochstehender Wein von neuen Sangiovese-Klonen. Die Renaissance der zentralen Toskana.

Aus Widmers Toskana-Traum ist mittlerweile eine zweite Existenz geworden – und nicht die

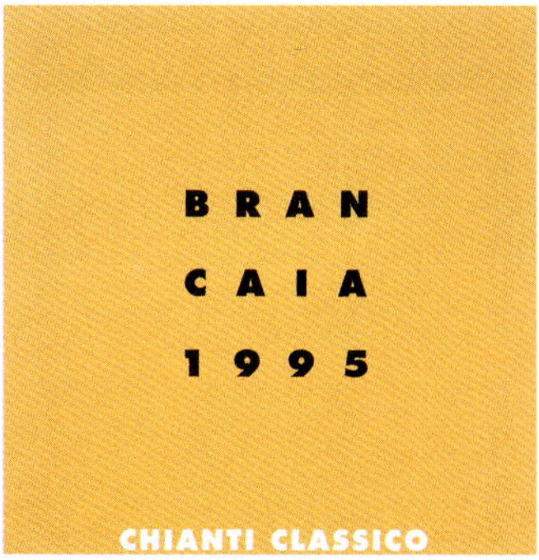

schlechteste: Inzwischen hat der Schweizer in der Maremma ein weiteres Weingut erworben, in das er tüchtig investiert. Auch Tochter Barbara wird sich in Zukunft um die Widmer-Weingüter kümmern. Sie hat ihr Önologie-Studium beendet – und geht nun ihrem Vater und Weinmacher Carlo Ferrini zu Hand.

Weiteres Produkt

Olivenöl extravergine.

Castello di Cacchiano

Besitzer: Baron Giovanni Ricasoli-Firidolfi
Fraz. Monti in Chianti, Loc. Cacchiano, 53010 Gaiole in Chianti
Tel. 0577/74 70 18; Verkauf ab Gut: Mo–Fr 8–12 und 13–17 Uhr

Gesamtqualität: ★★
Rebfläche: 27 ha
Jährliche Abfüllung: 80.000
Preisniveau: 2–4

Die Spitzenweine

Chianti Classico Millennio★★
RF Castello di Cacchiano★★

Andere Weine

Chianti Classico★
Vin Santo★

Ausbau der Spitzenweine

Der Chianti Classico Millennio (90 Prozent Sangiovese, 10 Prozent Canaiolo, Malvasia Nero und Colorino) wird nach der Gärung 24 Monate zur Reifelagerung in Großfässern aus slawonischer Eiche und in französischen Barriques ausgebaut.

Der RF (Ricasoli-Firidolfi), 80 Prozent Sangiovese und 20 Prozent Merlot, kommt 18 Monate in Tonneaux und Barriques aus Allier-Eiche. Beide Weine werden anschließend noch mindestens ein Jahr auf der Flasche gelagert, bevor sie in den Verkauf kommen.

Stil der Spitzenweine

Chianti Classico Millennio: Der Wein wird nur in herausragenden Jahren erzeugt. Dann zeichnen ihn ein nuancenreiches Bouquet und ein vollmundiger Geschmack aus, in den die Tannine gut eingebunden sind. Der RF wird ebenfalls nur in besten Jahren hergestellt. Die Lagerung in den Barriques verleiht ihm zur üppigen Frucht Würz- und Rösttöne, der Anteil an Merlot macht ihn rund und weich.

Merlot als Ergänzung

Seit dem 12. Jahrhundert „regiert" die Adelsfamilie Ricasoli-Firidolfi auf Castello di Cacchiano. Zu den Besitzungen des bedeutenden Geschlechts gehörte auch das nahelegene Castello di Brolio. Doch 1974 kam es zu einer Erbteilung – und Cacchiano ging an Alberto Ricasoli. Nach dessen frühem Tod führte seine Witwe Francesca Ricasoli das Weingut weiter, das heute von ihrem Sohn Giovanni Ricasoli geleitet wird.
Die Ricasoli von Cacchiano haben sich dem traditionellen Weinbau der Toskana verschrieben, soll heißen: der Sangiovese-Rebe, die allerdings zum Teil in kleinen französischen Eichenfässern ausgebaut wird. Deneben haben in den Weinbergen auch die autochthonen Sorten Canaiolo, Malvasia Nero und Colorino (für den Chianti Classico) Platz.
Aus Malvasia Bianco wird auf Castello Cacchiano der traditionelle Vin Santo erzeugt: Die Trauben werden nach der Ernte getrocknet und erst vier Monate später gepreßt. Die anschließende Gär- und Reifeperiode in kleinen Eichenfäßchen dauert fünf Jahre.
Zu den Neuerungen auf Castello di Cacchiano gehört auch die Anpflanzung von Merlot-Reben, die sich in der Toskana ausgezeichnet entwickelt haben und eine gute Ergänzung zum Sangiovese darstellen.

Weitere Produkte

Olivenöl extravergine, Grappa.

Villa Cafaggio

Besitzer: Stefano Farkas
Via San Martino in Cecione 5, 50020 Panzano in Chianti
Tel. 055/854 90 94; Besuch und Verkauf nach Anmeldung

Gesamtqualität: ★★
Rebfläche: 39 ha
Jährliche Abfüllung: ca. 180.000
Preisniveau: 3–6

Die Spitzenweine

Chianti Classico Riserva Solatio Basilica★★
Cortaccio★★
San Martino★★

Andere Weine

Chianti Classico★★
Chianti Classico Riserva★

Ausbau der Spitzenweine

Die Weine werden teils in größeren Fässern aus slawonischer Eiche, teils in Barriques ausgebaut. Lagerdauer: 18–24 Monate.

Stil der Spitzenweine

Chianti Classico Riserva Solatio Basilica: Die Weine aus dieser fünfzig Jahre alten Spitzenlage präsentieren sich in glänzendem Rubinrot mit einer subtilen Nase (feine Röstnoten, Kakao und Vanille). Im Geschmack zeigt sich eine harmonische Ausgewogenheit von schwarzen Früchten und Gerbsäuren.
Cortaccio ist ein Wein aus Cabernet Sauvignon mit allen edlen Attributen dieser Rebsorte, die bei Panzano Höchstleistungen zu bringen vermag: Hochkonzentrierte Frucht und noble Tannine bestimmen den Geschmack.

Dem San Martino, einem reinsortigen Sangiovese, ist es gut bekommen, daß er in Barriques ausgebaut wurde: ein komplexer Wein mit jenen Fruchtnoten, die Sangiovese so unverwechselbar machen – ohne daß pelzige Gerbsäuren die Geschmacksnerven blockieren.

Die Innovation aus Ungarn

Der Vater des jetzigen Gutsinhabers und Winzers stammt aus Ungarn. Er ist ein weiteres Beispiel dafür, wie gut dem Weinbau der Toskana das leidenschaftliche Engagement ihrer „Fremden" getan hat. Paolo Farkas, ein Designer aus Budapest, ging zunächst nach Norditalien, wo er in Como ein bekanntes Textil-Studio gründete. Bereits Ende der 60er Jahre zog es ihn aber in die Toskana; im Chianti Classico-Gebiet übernahm er die Villa Cafaggio. Zunächst verkaufte der Betrieb, wie viele andere, sein Lesegut an die Großkellereien, die daraus Wein kelterten; doch Farkas hatte mehr im Sinn: Er wollte seinen eigenen Wein, einen Sangiovese voller Kraft und Konzentration. Dafür setzte er kompromißlos auf Qualität in Weinberg und Keller. Die natürlichen Voraussetzungen hatte er: Die Weinberge liegen in einem besonders günstigen Mikroklima, daß seit Jahrhunderten als „la conca d'oro di Panzano" beschrieben wird – der goldene Trog von Panzano. Innerhalb weniger Jahre wurden seine Rotweine ihres eleganten Charakters wegen bekannt. Inzwischen leitet sein Sohn Stefano Farkas das Weingut, das zu den herausragenden Betrieben von Panzano zu zählen ist.

Weiteres Produkt

Olivenöl extravergine.

CAROBBIO

Besitzer: Carlo Novarese
Via S. Martino a Cecione 26, 50020 Panzano in Chianti, Tel. 055/85 21 36
Besuch vorher anmelden

Gesamtqualität: ★★
Rebfläche: 10 ha
Jährliche Abfüllung: 40.000
Preisniveau: 2–4

Der Spitzenwein

Pietraforte del Carobbio★★

Andere Weine

Chianti Classico★★
Chianti Classico Riserva★★
Leone del Carobbio★★

Ausbau des Spitzenweins

Der Pietraforte del Carobbio wird nach der Gärung in Barriques ausgebaut. Danach Verfeinerung auf Flasche (6 Monate).

Stil des Spitzenweins

Ein eleganter, harmonischer Rotwein, aus Cabernet-Sauvignon-Trauben gekeltert. Angenehmes Bouquet (Sauerkirschen, schwarze Beeren und ein Hauch von Minze, aber auch Tabak und Schokolade), warmer Alkoholgeschmack und langes Finish. Derzeit der Paradewein des Hauses.

Klassiker aus dem Barrique

Carobbio ist eigentlich bekannt für seine Chianti-Weine, weiche, gehaltvolle, fast sinnliche Gewächse, wie sie für die Panzano-Zone typisch sind. Diese bezaubernden Eigenschaften treffen vor allem auf den Leone del Carobbio zu, einen reinsortigen

Sangiovese mit leichtem Vanillearoma. Typisch für dieses Gut: Alle Weine, auch die Chianti Classico, werden in Barriques ausgebaut.

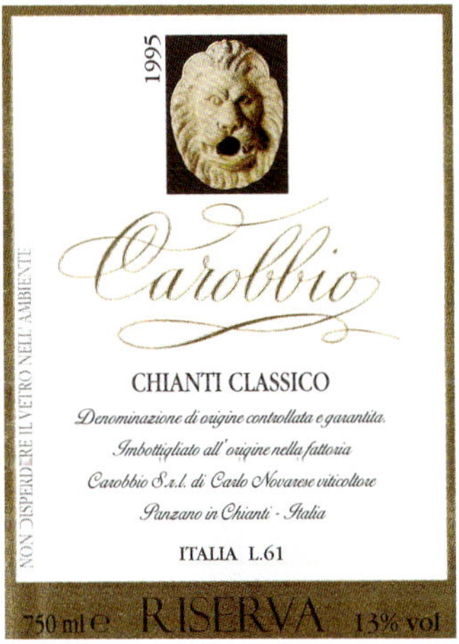

Maßgeblichen Anteil am Aufbau dieses malerischen Weinguts, dessen Etiketten ein steinerner Löwenkopf ziert, hat eine Frau. Der Besitzer Dr. Carlo Novarese engagierte die begabte Önologin Gabriella Tani – und ließ ihr freie Hand. Unter Tanis Anleitung wurde der Keller mit neuen Edelstahltanks und kleinen Eichenholzfäßchen aus Frankreich modernisiert. Vor allem aber kümmerte sich die Önologin um die Weinberge, die in der Edellage von Panzano „la conca d'oro", dem „goldenen Trog", liegen. Trotzdem gab es viel zu tun. Hatten die alten Weingärten noch eine weite Pflanzdichte von nur 2.700 Reben pro Hektar, so ließ Gabriella Tani die neuen Anlagen mit qualitativ hochstehenden Sangiovese-Klonen auf 6.000 Rebstöcke pro Hektar bepflanzen. Jede einzelne Rebe kann sich nicht mehr so enorm ausbreiten, der Ertrag sinkt auf natürliche Weise. Um noch mehr Kraft und Fruchtkonzentration in die Trauben zu bekommen, werden die Reben im Winter stark zurückgeschnitten und der Ertrag durch Ausdünnung im Sommer weiterhin reduziert. Das ergibt Weine von Körper und guter Struktur. Carobbio wird in Zukunft, wie viele Qualitätsweingüter, noch eindeutiger auf die Erzeugung von Chianti Classico setzen. Genügend Anbauflächen sind mit insgesamt 32 Hektar Grundbesitz vorhanden, Engagement und Leidenschaft von Besitzer und Weinmacherin allemal.

Weiteres Produkt

Olivenöl extravergine.

Besonderheiten

Weinproben für Gruppen mit zehn Personen.

Castell' in Villa

Besitzer: Coralia Ghertsos Pignatelli della Leonessa
Loc. Castel' in Villa, 53019 Castelnuovo Berardenga, Tel. 0577/35 90 74
Direktverkauf und Degustation nach telefonischer Anmeldung

Gesamtqualität: ★★
Rebfläche: 54 ha
Jährliche Abfüllung: 100.000–120.000
Preisniveau: 2–6

Die Spitzenweine

Chianti Classico Riserva★★
Santa Croce★★

Andere Weine

Chianti Classico★★

Ausbau der Spitzenweine

Der Chianti Classico Riserva wird auf traditionelle Art in größeren Eichenfässern ausgebaut. Lagerdauer: bis zu 24 Monate. Der Santa Croce hingegen kommt mindestens 18 Monate ins Barrique. Anschließend reift er mindestens sechs Monate auf der Flasche.

Stil der Spitzenweine

Der Chianti Classico Riserva besitzt ein komplexes Bouquet von schwarzen Beeren und Pflaumen. Er zeigt sich würzig im Geschmack: dezente Pflaumentöne, gepaart mit reifen Tanninen. Ein eleganter Wein mit beachtlichem Reifepotential. Der Santa Croce, eine Cuvée von Sangiovese und Cabernet Sauvignon, ist ein extraktreicher Wein: intensives Fruchtbouquet, gepaart mit dezenter, köstlicher Süße. Würziges Spiel im Mund, großer Abgang mit langem Nachhall.

Adel verpflichtet

Castell' in Villa ist eines der bekannten Adelsgüter der Toskana, obwohl die jetzige Besitzerin erst seit 1967 Weinbau betreibt. Doch die historischen Wurzeln des weilerartigen Anwesens reichen bis ins frühe Mittelalter zurück. Der fränkische Herzog Wuinigi soll hier residiert haben. Im Laufe der Jahrhunderte wurde die trutzige Burg in eine Landvilla des Adels umgebaut, später in ein Jagdhaus. Weingut war sie eigentlich nie. Das änderte sich ab 1967, als der römische Diplomat Prinz Riccardo Pignatelli den Besitz erwarb. Er ließ Weinberge anlegen und sich von Antinoris legendärem Önologen Giacomo Tachis beraten. 1990 starb Riccardo Pignatelli, zuletzt italienischer Botschafter in Marokko. Seither leitet seine Witwe Coralia, eine gebürtige Griechin, das Gut, das sich den Ruf erworben hat, besonders langlebige Weine zu erzeugen. Sie setzt dabei ebenso wie ihr verstorbener Mann auf die Tradition im südlichen Chianti Classico, der Heimat besonders üppiger Rotweine. Coralia Ghertsos Pignatelli della Leonessa gilt als Grande Dame im Weinbau des Toskana, etwa vergleichbar mit Madame Leroy in Burgund. Obwohl es ihr bislang nicht vergönnt war, wie letztere einen Kultwein von höchsten Graden wie Romanée Conti zu erzeugen, haben die Weine von Castell' in Villa bei Händlern und Konsumenten einen erstklassigen Ruf gewonnen. Das liegt nicht zuletzt an Giacomo Tachis, dem weltberühmten Antinori-Önologen, der Coralia Pignatelli zur Hand geht. Die Principessa ist eine leidenschafliche Verfechterin von höchster Qualität. Nur Weine, die es wert sind, das Etikett Castell' in Villa zu tragen, kommen auf die Flasche. Dabei gilt die große Liebe der Besitzer und ihres Önologen der heimischen Sangiovese-Rebe – dem Chianti Classico. Bei den Aktivitäten von Coralia Pignatelli darf man auf die nächsten Jahrgänge gespannt sein.

Weiteres Produkt

Olivenöl extravergine.

Castellare

Besitzer: Paolo Panerai
Loc. Castellare, 53011 Castellina in Chianti, Tel. 0577/74 04 90
Besuch nur nach Anmeldung

Gesamtqualität: ★★
Rebfläche: 22 ha
Jährliche Abfüllung: 90.000
Preisniveau: 2–5

Der Spitzenwein

I Sodi di San Niccolò★★

Andere Weine

Chianti Classico Riserva
Vigna al Poggiale★★
Chianti Classico Riserva★
Chianti Classico★★
Coniale
Canonico★ (weiß)
Spartito★★ (weiß)

Ausbau des Spitzenweins

Der I Sodi di San Niccolò wird mindestens 18 Monate in Barriques ausgebaut. Danach bis zu zwölf Monate Flaschenlager.

Stil des Spitzenweins

Der I Sodi di San Niccolò ist ein hundertprozentiger Sangiovese und wird als Tafelwein (*vino da tavola*) verkauft. Durch den Barrique-Ausbau hat dieser Wein zweifelsohne gewonnen: Er hat eine intensivere Farbe (rubinrot), deutlichere Aromen und eine markante Struktur. Ein konzentrierter und dennoch eleganter Wein.

Sangiovese und bunte Vögel

Castellare leitet seinen Namen vom schloßartigen Kloster San Niccolò – mittlerweile eine Ruine

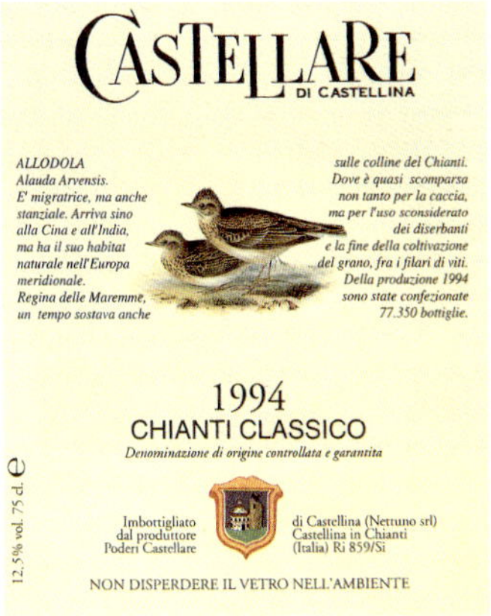

– ab. Die Kirche San Niccolò a Sterzi ist heute von den Reben des Weinbergs Sodi di San Niccolò umgeben. Ein pittoreskes Bild. Der Boden des Weinguts ist überwiegend kalkhaltiger Ton; die durchschnittliche Höhe der Weinberge beträgt rund 360 Meter über dem Meeresspiegel. Vor etwa zwanzig Jahren hat der Journalist, Publizist und Verleger Paolo Panerai dieses Chianti-Weingut übernommen. Als gebürtiger Toskaner war und ist er darauf bedacht, daß der Sangiovese die Haupttraube seiner Weine bleibt – trotz Experimenten mit Rebsorten wie etwa Cabernet Sauvignon, die für den beachtlichen Coniale verwendet wird. Das Bekenntnis zum Sangiovese bekräftigte auch Panerais Önologe Maurizio Castelli. Im Laufe der Jahre wurden die Flaschen von Castellare, die sich von den meisten anderen allein durch ihre hübschen Vogel-Motive auf dem Etikett unterscheiden, bei Restaurantbesitzern und privaten Weinfreunden immer begehrter. Auf Castellare wird ein schnörkelloser, feiner Chianti erzeugt. Der Riserva Vigna al Poggiale dürfte zu einem weiteren Vorzeigewein des Gutes avancieren.
Weingutsinhaber und Verleger Paolo Panerai wirbt bisweilen für seine Weine in seiner Zeitschrift, eine Praxis, an der sich einige ausländische Weinkritiker stoßen. Das ist als Besitzer sein gutes Recht, so sehen es zumindest die Italiener. Wie dem auch sei: Die Chianti Classico, denen ein Hauptaugenmerk des Betriebs gilt, haben (mit und ohne Panerais publizistische Unterstützung) für Aufsehen gesorgt, z.B. bei einer Chianti-Classico-Verkostung in Köln (Herbst 1999). Ein Trend, über den sich nicht nur die Vogelfreunde unter den Weintrinker freuen können. Erwähnenswert ist auch der Spartito, ein Weißwein von Castellare. Ein saftiger, appetitanregender Sauvignon Blanc, der in neuen Barriques vergoren und ausgebaut wird.

Weiteres Produkt

Olivenöl extravergine.

Besonderheiten

Verkostung und Imbiß für 20 Personen. Mittag- und Abendessen ab 10 Personen. Ferienapartments auf dem Gut.

CENNATOIO

Besitzer: Leandro Alessi
Via del Leolino 35, 50020 Panzano in Chianti, Tel. 055/85 21 34
Besuch nach Anmeldung

Gesamtqualität: ★★
Rebfläche: 12 ha
Jährliche Abfüllung: 50.000
Preisniveau: 2–6

Die Spitzenweine

Etrusco★★
Rosso Fiorentino★★

Andere Weine

Chianti Classico★
Chianti Classico Riserva★
Mammolo★

Ausbau der Spitzenweine

Die beiden Vorzeigeweine des Hauses Cennatoio, der Etrusco und der Rosso Fiorentino, werden in Barriques ausgebaut, je nach Jahrgang bis zu 24 Monate. Anschließend erfolgt ein Flaschenlager von zehn bis zwölf Monaten.

Stil der Spitzenweine

Beide Weine sind Verbindungen aus Sangiovese und Cabernet Sauvignon. Der Etrusco stimmt den Weintrinker schon farblich mit seinem intensiven Purpurton ein, dann folgt ein außerst betörendes Bouquet nach Gewürzen, Kakao, Rösttönen und Vanille. Seine schöne Frucht verbindet sich gelungen mit reifen Tanninen. Der Rosso Fiorentino ist der elegantere der beiden Weine, sicher auch der weichere.

Leidenschaft und mystische Etiketten

Der ehemalige Lederfabrikant Leandro Alessi und seine önologische Beraterin Dr. Gabriella Tani arbeiten voller Leidenschaft an der Entwicklung von Cennatoio. Nach wie vor gehört das Gut zu den herausragenden Erzeugern des Chianti Classico. Doch das Team von Cennatoio geht auch gern andere Wege. Was am mystischen Etikett des Etrusco deutlich wird. Auch hier zeigt sich die Handschrift von Gabriella Tani, die für Kultur und Mystik Indiens ein Faible hat. Wichtig ist jedoch, was in der Flasche ist. Und auch da haben sich Alessi und Tani einen guten Ruf erarbeitet.

Außer dem Etrusco und dem Rosso Fiorentino hat der Mammolo Aufsehen erregt, ein reiner Merlot, der auch in Barriques ausgebaut wird. Demnächst wird es von Cennatoio, dessen Weinberge auf einer Höhe von immerhin 500 Metern liegen, einen Chardonnay geben, auf den man gespannt sein darf.

Das Anwesen selbst geht auf die große Zeit der Medici zurück. Damals wurde ein Haus des Gutes als Unterkunft für die Besucher der Häftlinge des nahegelegenen Gefängnisses Stinche Alte genutzt. 1970 kam es in den Besitz der Familie Alessi. Doch erst ab 1990, als Leonardo Alessi seine Luxus-Gerberei aufgegeben hatte, kümmerte sich der neue Besitzer im Fulltime-Job um das Weingut, unterstützt von Gabriella Tani, einer ehemaligen Assistentin des berühmten Önologen Vittorio Fiore. Auch auf Cennatoio hat man die Zeichen der Zeit erkannt. Das bedeutet: Rückbesinnung auf den Chianti Classico aus der heimischen Traditionstraube Sangiovese. Mit besseren Klonen, niedrigerem Ertrag, sorgfältigerem Ausbau: ein Chianti Classico der Extraklasse – die Zukunft dieses Anbaugebiets. Mittlerweile gehört Leandro Alessi mit zu den klassischen Erzeugern dieses Weintyps.

Weiteres Produkt

Olivenöl extravergine.

Besonderheiten

Degustationen mit Moderation für maximal 20 Personen. Vorher telefonisch anmelden. Fremdsprache: Englisch

Castello di Farnetella

Besitzer: Giuseppe Poggiali, Direktor: Giuseppe Mazzocolin
Fraz. Farnetella, 53040 Rigomagno – Sinalunga, Tel. 0577/66 35 20
Besuch vorher anmelden

Gesamtqualität: ★★
Rebfläche: 67 ha
Jährliche Abfüllung: 250.000
Preisniveau: 1–6

Die Spitzenweine

Poggio Granoni★★★
Chianti Colli Senesi★★
Sauvignon Blanc★★ (weiß)

Andere Weine

Nero di Nubi★

Ausbau der Spitzenweine

Der Poggio Granoni wird in Barriques ausgebaut, der Sauvignon ebenfalls. Der Chianti kommt für acht bis zwölf Monate in kleine, mittlere und große Eichenholzgebinde und nach der Abfüllung für vier bis sechs Monate ins Flaschenlager.

Stil der Spitzenweine

Der Poggio Granoni ist eine Rarität aus Sangiovese und Cabernet. Ein außerordentlich gelungener Wein mit komplexen Fruchttönen und großem Abgang. Es spricht auch für die Weinmacher von Castello di Farnetella, daß der an sich einfache Chianti Colli Senesi zu den Spitzenweinen des Hauses gehört, denn er ist so, wie ein guter Chianti sein sollte: süffig, von saftiger Frucht (Kirsch), Würztönen und seidigem Schmelz. Solch ein Wein kann auch ein großes Essen begleiten.

Der Sauvignon Blanc von Farnetella ist ebenfalls ein außerordentlich gelungenes Produkt, was in der Toskana, die nicht gerade berühmt ist für Weißweine, etwas heißen will. Die Trauben sind in etwa 550 Meter Höhe gereift und haben dem Wein einen feinen, eleganten, fast mineralischen Geschmack verliehen.

Ein herrlicher Grenzfall

Castello di Farnetella ist das Schwestergut von Felsina. Seine Weinberge liegen in einer privilegierten Region zwischen dem Chianti Classico und der Zone des Vino Nobile di Montepulciano. Die Sangiovese-Traube kommt hier zu einer ungewöhnlichen Reife; ihr Wein vereint die Charaktere von Vino Nobile di Montepulciano und Brunello di Montalcino. Neben den Vorteilen des Terroirs hat das Gut noch ein weiteres Plus: Es wird von einem eingespielten, kongenialen Team betreut – Giuseppe Mazzocolin und Franco Bernabei von Felsina. Hauptrebe ist nach wie vor Sangiovese. Doch die Weinmacher haben mit großem Erfolg Sauvignon Blanc kultiviert – und Pinot Nero, die italienische Variante der Burgundertraube Pinot Noir. Daraus wird der Nero di Nubi gekeltert: ein burgundischer Toskaner (oder umgekehrt?) mit dunklen Farbtönen, südlichen Fruchtaromen und warmen Alkoholtönen.

Weiteres Produkt

Olivenöl extravergine.

Fattoria di Felsina

Besitzer: Giuseppe Poggiali, Direktor: Giuseppe Mazzocolin
Strada Chiantigiana, 53019 Castelnuovo Berardenga, Tel. 0577/35 51 17
Verkauf: April–Okt. Mo–Sa 8.30–19 Uhr, Nov.–März 8.30–12.30 und 13.30–17.30 Uhr

Gesamtqualität: ★★★
Rebfläche: 77 ha
Jährliche Abfüllung: 300.000 – 400.000
Preisniveau: 1–5

Die Spitzenweine

Fontalloro★★★
Maestro Raro★★★
Rancia Chianti Classico Riserva★★★

Andere Weine

Chianti Classico Riserva★★
Chianti Classico★★
I Sistri★ (weiß)

Ausbau der Spitzenweine

Rancia wird nach der Gärung in verschiedenen Partien zehn Monate lang in kleinen und großen Eichenholzfässern ausgebaut und dann abgefüllt. Darauf folgen acht bis zehn Monate Flaschenlager.
Der Fontalloro kommt für 18 bis 24 Monate ins Barrique; nach der Abfüllung wird er noch zehn bis zwölf Monate gelagert.
Der Maestro Raro wird zwölf bis 18 Monate in verschieden getoasteten Barriques ausgebaut und noch einmal zehn bis zwölf Monate in der Flasche gelagert.

Stil der Spitzenweine

Der Rancia kommt aus der wertvollsten Lage des Gutes, ist ein reinsortiger Sangiovese mit hochkonzentrierter Frucht, seidigen Tanninen, warmem Alkoholhintergrund und langem, elegantem Nachhall. Der Fontalloro, ebenfalls ein hundertprozentiger Sangiovese, bietet ein köstliches Bouquet von Cassis, Mineralstoffen, etwas Tabak und einem Hauch Teer. Opulente Geschmacksfülle mit Kirsche und Cassis, doch nicht zu aufdringlich. Geschmeidige Tannine runden das Ganze zu einem eleganten Finish ab. Der Maestro ist ein reinsortiger Cabernet Sauvignon, kraftvoll, eher einem Bordeaux ähnlich.

Ein kongeniales Team

1966 erwarb der Unternehmer Domenico Poggiali das Gut Felsina, dessen Name angeblich auf die Etrusker zurückgeht. 1982 übernahm sein Schwiegersohn Giuseppe Mazzocolin die Leitung des Betriebs, ein Intellektueller aus Treviso, der eigentlich keine önologischen Sachkenntnisse hatte und vorher Lehrer für Altgriechisch, Latein und italienische Literatur war. Und doch begriff er Wein besser als viele sogenannte Experten als ein unverzichtbares Kulturgut, einen Spiegel der Zivilisation. 1983 traf Mazzocolin dann auf den Mann, mit dem er ein kongeniales Gespann bilden sollte: den Önologen Franco Bernabei. Zusammen klassifizierten sie die Weinberge nach Lagen, um das Potential des Besitzes besser ausschöpfen zu können. 1983 wurde der erste Jahrgang des Rancia aus der wohl besten Lage von Felsina erzeugt, 1985 der großartige Fontalloro. In die kühleren (und höheren) Lagen der Rebflächen wurde Chardonnay gepflanzt. Die Hauptsorte ist und bleibt jedoch Sangiovese. Die Sorgfalt, mit der diese große Traditionsrebe auf Felsina gepflegt wird, spürt man im Chianti Classico dieses Gutes, einem der besten der Toskana.

Das Terroir und der Grenzwein

Giuseppe Mazzocolin, der humorvolle Vordenker des Gutes, definiert seinen Betrieb nach dem Terroir – und liefert damit den Schlüssel seines Erfolgs: „Wer Felsina verstehen will, muß das Land verstehen." Die Weinberge liegen an der südöstlichen Grenze des Chianti-Classico-Gebiets. Die Böden haben zum Teil schon andere geologische Formationen, die klimatischen Verhältnisse unterscheiden sich teilweise erheblich von den übrigen Regionen der Toskana. Darum bezeichnet Mazzocolin den Fontalloro auch als „Grenzwein": Er hat Extraktfülle und Alkohol eines Brunello und die frühe Trinkreife und den Charme eines Chianti Classico. Eigentlich eine ideale Verbindung.

Weiteres Produkt

Olivenöl extravergine.

Castello di Fonterutoli

Besitzer: Lapo Mazzei
Loc. Fonterutoli Via Rossini 5, 53011 Castellina in Chianti
Tel. 0577/74 04 76; Besuch vorher anmelden

Gesamtqualität: ★★★
Rebfläche: 60 ha
Jährliche Abfüllung:
bis zu 500.000
Preisniveau: 2–6

Der Spitzenwein

Castello di Fonterutoli★★★

Andere Weine

Siepi★★★
Chianti Classico★★★
Poggio alla Badiola

Ausbau des Spitzenweins

Nach der Gärung kommt der junge Wein 16 Monate in Barriques und danach etliche Monate ins Flaschenlager.

Stil des Spitzenweins

Der Wein, bestehend aus 90 Prozent Sangiovese und 10 Prozent Cabernet Sauvignon, besitzt einen gewaltigen Körper an Frucht, Kakao- und Schokoladenoten, eingebettet in die Säurestruktur des Sangiovese. Hervorragendes Alterungspotential.

Die Zukunft ist die Tradition

Castello di Fonterutoli ist eines der maßgeblichen Güter im Chianti Classico-Gebiet. Das Gut ist seit 1435 im Besitz der Mazzei, einer einflußreichen Florentiner Bankiers- und Politikerfamilie, die sich auch im Weinbau Verdienste erworben hat. Ein Maz-

zei soll den Begriff Chianti-Wein geprägt haben. Ein anderer baute sogar in Virginia Wein an – und beteiligte sich auch gleich an der Ausarbeitung der amerikanischen Verfassung.
Die Mazzei waren auch an vorderster Front dabei, als es galt, die Weinbaukrise in der Toskana mit hochwertigen Tafelweinen, den sogenannten Super Tuscans, zu überwinden. Was ihnen, im Verbund mit anderen großen Gütern, auch gelungen ist. Nun erfolgt die Rückbesinnung auf die Tradition, und auch hier gehören die Mazzei zu den Pionieren. Die Zeit des Super Tuscan sei vorbei, sagt Gutschef Lapo Mazzei, und fordert eine Rückbesinnung auf traditionelle Werte: auf den Chianti Classico, die Sangiovese-Rebe. Und daß er es ernst meint, zeigt die Tatsache, daß er zwei eigene Super Tuscans vom Markt genommen hat: Über 15 Jahre waren „Concerto" und „Ser Lapo" überaus erfolgreich und hochprämiert. Ihr Nachfolger heißt „Castello di Fonterutoli" und ist der Spitzenwein des Hauses.
Dem einfachen Chianti Classico hat man sich bei Fonterutoli stets mit besonderer Hingabe gewidmet: Entsprechend schmeckt er auch – ein herrlich saftiger Wein, der in Zukunft eines der Markenzeichen von Fonterutoli sein wird. Ein Super Tuscan hat den Radikalschnitt überlebt, zur Freude der Kunden: Der „Siepi",

eine Cuvée der Extraklasse (zu gleichen Anteilen Sangiovese und Merlot), wird weiterhin das Sortiment von Fonterutoli zieren.
Die Reben aller Weine wachsen auf kargen, steinigen Böden in einer Höhe von 350 bis 550 Meter. Kenner nennen sie auch liebevoll *vino dei sassi* – Wein aus Steinen. Auch ein Markenzeichen dieses Spitzenbetriebs.

Weiteres Produkt
Olivenöl extravergine.

Besonderheiten
Weinproben mit mehreren Personen nach Verabredung. Sechs Ferienwohnungen.

Tenuta Fontodi

Besitzer: Giovanni Manzetti
Via San Leolino 87, 50020 Panzano in Chianti, Tel. 055/85 20 05
Besuch vorher anmelden

Gesamtqualität: ★★★
Rebfläche: 65 ha
Jährliche Abfüllung: 150.000
Preisniveau: 2–5

Die Spitzenweine

Chianti Classico Riserva
Vigna del Sorbo★★
Flaccianello della Pieve★★★

Andere Weine

Chianti Classico★★★
Chianti Classico Riserva★★
Case Via Pinot Nero★
Case Via Syrah★★★
Meriggio★ (weiß)

Ausbau der Spitzenweine

Die beiden Spitzenweine des Gutes werden in Barriques und Tonneaux aus französischer Eiche ausgebaut. Danach sechs Monate Flaschenlager.

Stil der Spitzenweine

Der Vigna del Sorbo, vinifiziert aus Sangiovese mit etwas Cabernet, leuchtet intensiv purpurrot, besitzt ein vornehmes Bouquet nach Cassis, Kaffee und Holz. Dichte Struktur mit lebendigen Tanninen, die jedoch nicht stören. Gutes bis sehr gutes Reifepotential.
Der Flaccianello ist ein reinsortiger Sangiovese mit wunderschöner Frucht, die von lebhaften Tanninen ergänzt wird. Ein vielschichtiger, fleischiger Wein.

Vom Terrakotta zum Super Tuscan

Die Tenuta Fontodi hat schon um die Jahrhundertwende mit erstklassigen Weinen Aufsehen erregt. Die Lagen des Gutes gehören zu den besten von Panzano. Das war auch der Hauptgrund, weshalb die Familie Manzetti, seit Jahrhunderten als Terrakotta-Hersteller berühmt, 1968 den Besitz bei Panzano, dessen Geschichte bis ins frühe 16. Jahrhundert zurückreicht, kauften. Seit Anfang der 80er Jahre ist der Betrieb offenbar unaufhaltsam auf Erfolgskurs. Der junge Giovanni Manzetti, der sich mit großem Engagement um das Weingut kümmert, hat als önologischen Berater Franco Bernabei gewonnen, der auch für Felsina arbeitet. Er kaufte neue Rebflächen, die entsprechend ihren Böden und mikroklimatischen Gegebenheiten bepflanzt wurden, und er erweiterte Gär- und Lagerkeller. Heute zählt Fontodi unbestritten zur Spitze in Panzano, dem bedeutenden Weinort der Zentraltoskana.

Hauptanliegen von Giovanni Manzetti ist es, große Sangiovese-Weine zu produzieren, die er auch regelmäßig erzeugt. Daneben experimentiert er aber auch gern mit anderen Rebsorten, und auch hier beweist er ein gutes Händchen. In den höheren, kühleren Lagen pflanzte er Pinot Nero, der nicht gerade typisch für dieses Klima ist. Doch der Wein ist gelungen und präsentiert sich mit interessanten, vielschichtigen Fruchttönen.

Einen Volltreffer landete Giovanni Manzetti jedoch mit seinem mächtigen Syrah, der auf dem besten Weg zu einem großen Wein ist. Der wichtigste Wein von Fontodi ist jedoch der Chianti Classico, der in der Regel stets zu den besten seines Jahrgangs gehört.

Weiteres Produkt

Olivenöl extravergine.

Besonderheiten

Vier Ferienwohnungen auf dem Weingut. Außerdem Weinproben für maximal 15 Personen nach Verabredung.

Gagliole

Besitzer: Dr. Thomas Bär
Loc. Gagliole 42, 53011 Castellina in Chianti, Tel. 0577/74 08 75
Verkauf: Mo–Sa 8–12 und 15–19 Uhr (man spricht deutsch)

Gesamtqualität: ★★
Rebfläche: 4 ha
Jährliche Abfüllung: 17.000
Preisniveau: 1–3

Der Spitzenwein

Rosso Vino da Tavola Toscano★★★

Andere Weine

Bianco Vino da Tavola Toscano★ (weiß)

Ausbau des Spitzenweins

Nach der Gärung in Edelstahltanks kommt der Wein für zwölf Monate in Barriques, danach folgen mindestens sechs Monate Flaschenlager.

Stil des Spitzenweins

Dieser Wein hat etliche Experten überrascht, die das kleine Gut überhaupt nicht auf ihrer Liste hatten: ein hochwertiger Tafelwein aus Sangiovese, Canaiolo und Cabernet Sauvignon. Ein köstliches Gewächs mit sehr harmonischer Balance zwischen den Fruchttönen von Waldbeeren und Kirschen und den Holzaromen mit einem Hauch Vanille. Großartiger Nachhall.

Gagliole – das Land der Träume

Den Blick über die Hügel, von denen Zypressen wie Ausrufezeichen aufragen, tragen Toskana-süchtige im Herzen – auch wenn sie nie Gagliole gesehen haben. Lage und Ambiente dieses Weinguts entsprechen exakt dem landläufigen Klischee, und wer zum ersten Mal hierher kommt und über das Land schaut, sieht die Erfüllung aller Träume: Das ist es – Toskana in Reinkultur.

So muß es auch dem Züricher Anwalt und Bankier Dr. Thomas Bär ergangen sein, als er das Anwesen bei Castellina in Chianti zum ersten Mal sah. Eine piniengesäumte Auffahrt führt durch Olivenbaumhaine zu einer Anhöhe, auf deren Plateau die Villa mit ihren Wirtschaftsgebäuden und einer kleiner Ölmühle steht: Gagliole. Seit Anfang der 90er Jahre gehört es den Bärs.

Der Bankier und seine Verantwortung

Der Bankier hat in seinem Besitz jedoch immer mehr als nur ein Feriendomizil gesehen. Dafür war auch die kulturelle Verantwortung zu groß: Denn Gagliole ist ein Weingut mit über tausend Ölbäumen und historischen Terrassen, die sich unterhalb des Anwesens wie die Ränge eines Amphitheaters runden. Auf diesen alten Terrassen wächst Wein, Sangiovese, Malvasia, Canaiolo, neuerdings auch Chardonnay und Cabernet Sauvignon. Und sie wirken auf die Trauben wie eine Klimaanlage: Sie speichern Wärme, sind Biotop für Pflanzen und Tiere, die auf natürliche Weise Schädlinge bekampfen. Die mühevolle Pflege dieser Steinmauern obliegt dem Verwalterehepaar Martina, eine Münchnerin, und Cirano Mazzoli, die sich auch um Keller und Verkauf kümmern. Für sie ist die Bewirtschaftung von Gagliole eine Lebensaufgabe geworden. Dieses liebevolle Engagement ist auch den Weinen des Hauses anzumerken.

Weitere Produkte

Olivenöl extravergine, Grappa Riserva.

Besonderheiten

Hübscher kleiner Verkostungsraum, in dem Martina auch herrliche Crostini reicht – wenn ihr die Gäste sympathisch sind.

Agricoltori del Chianti Geografico

Besitzer: Genossenschaft
Präsident des Aufsichtsrats: Dr. Giuseppe Bicocchi
Generaldirektor: Dr. Carlo Salvadori; Önologe: Vittorio Fiore
Via Mulinaccio 10, 53013 Gaiole in Chianti, Tel. 0577/74 94 51
Direktverkauf: Mo–Sa 9–13 und 14–18 Uhr

Gesamtqualität: ★
Rebfläche: 370 ha
Jährliche Abfüllung: 2,5 Mio.
Preisniveau: 1–4

Der Spitzenwein

I Vigneti del Geografico
Chianti Classico★★

Andere Weine

Chianti Classico Montegiachi
Riserva★
Chianti Classico
Contessa di Radda★
Chianti Classico★
Vin Santo

Ausbau des Spitzenweins

Nach der Gärung erfolgt der Ausbau in Barriques.

Stil des Spitzenweins

Die Cuvée von Sangiovese und Cabernet Sauvignon stellt sich als aromenreicher Wein (Kirsche, Brombeeren) mit angenehmen Tanninen dar. Immer noch die Nr. 1 der Agricoltori.

Expansion der Genossen

Am 8. Oktober 1961 schlossen sich in Gaiole in Chianti 17 Qualitätswinzer zu einer Genossenschaft zusammen. Ihr Ziel: Verbesserung der Rebflächen, der

Vinifikation und des Absatzes ihrer Erzeugnisse. Was einer allein nicht schaffen konnte, wurde gemeinsam möglich. Nach und nach investierte die Agricoltori in moderne Weinkeller, in die Außenanlagen, vor allem aber in die Beratung durch einen erstklassigen Önologen, Vittorio Fiore. Dieser mußte zunächst die Qualitätsansprüche steigern – nach der bekannten Formel: bessere Pflege der Weinberge, geringere Erträge = stärkere Weine. Nach dieser Rezeptur hat die Genossenschaft von Gaiole viel erreicht. Mittlerweile umfaßt sie zweihundert Mitglieder. Darunter sind nicht nur Betriebe im Chianti Classico, sondern auch im Gebiet des Chianti Colli Senesi, des Brunello di Montalcino, des Vino Nobile di Montepulciano sowie des Vernaccia di San Gimignano. Die meisten Anlagen befinden sich im historischen Teil des Chianti Classico bei und um Gaiole, Radda und Castellina in Chianti. Trotz der großen Erntemengen werden saubere, zum Teil sogar sehr gute Weine zu einem günstigen Preis-Leistungs-Verhältnis erzeugt, wie etwa der einfach Chianti Classico oder der feine Chianti Classico Contessa di Radda. Dafür wird die Genossenschaft regelmäßig ausgezeichnet. Zum Beispiel bietet der Chianti Classico Contessa di Radda gute Qualität für kleines Geld. Auch das gibt's noch in der Toskana.

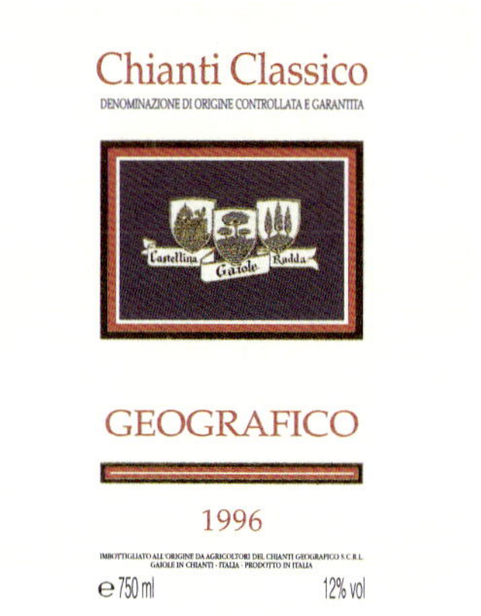

Weitere Produkte

Drei verschiedene Olivenöle extravergine; Distillato di uve Vernaccia (Grappa).

Besonderheiten

Moderierte Weinproben schon für vier bis fünf Personen. Imbisse ab 40 Personen. Fremdsprachen: Englisch, Französisch.

Castelli del Grevepesa

Besitzer: Winzergenossenschaft
Via Grevigniana 34, 50024 Mercatale Val di Pesa, Tel. 055/82 19 11
Verkauf: Mo–Sa 9.30–12 und 14–17.30 Uhr

Gesamtqualität: ★
Rebfläche: 650 ha
Jährliche Abfüllung: 4,5 Mio.
Preisniveau: 1–4

Der Spitzenwein

Chianti Classico Castelgreve Riserva★

Andere Weine

L'Alberello di Lamole★
Chianti Classico Clemente VII★
Chianti Classico Montefiridolfi★
Chianti Classico Vigna Elisa★
Chianti Classico Sant' Angiolo Vico L'Abate★
Novello
Elianto (weiß)
Vin Santo★ (weiß)
Vinsantaia (weiß)

Ausbau des Spitzenweins

Der Chianti Classico Castelgreve Riserva wird, wie auch andere gehobene Prädikatsweine, teils in Großgebinden aus slawonischer Eiche, teils im Barrique ausgebaut. Lagerzeit: mindestens 18 Monate.

Stil des Spitzenweins

Sinnliches Sangiovese-Bouquet mit saftigen Fruchttönen (Schattenmorellen). Ein leckerer Wein mit den klassischen Sangiovese-Tanninen. Gut zu trinken.

Die Genossen vom Schloß

Castelli del Grevepesa ist eine Genossenschaft, die nördlich von Greve in einer auffälligen, neoromantischen Schloßanlage „residiert“. Die Kellerei wurde 1965 gegründet und hat heute 176 Mitglieder bei einer Gesamtfläche von über 650 Hektar. Der jährliche Traubenertrag beträgt durchschnittlich 3.000 Tonnen. Also ein Großbetrieb, der über eine Kellerkapazität von fast 93.000 Hektolitern verfügt. Das klingt schon ein bißchen nach Fabrik, doch der Önologe Stefano Mosel hat es geschafft, daß Grevepesa saubere, zum Teil sogar beachtliche Weine zu günstigen Preisen erzeugt.

Der Besitz der Winzergenossenschaft liegt zerstreut um Greve, zum Teil in höchst renommierten Gemarkungen wie Lamole, Sant' Angiolo Vico L'Abate, Villa Barberino, Panzano und Montefiridolfi. So entstehen Weine wie etwa der Chianti Classico Clemente VII, der nach Giulio II de' Medici, dem späteren Papst Clemens VII., benannt wurde. Mit diesem Roten will die Genossenschaft ihre Verbundenheit mit der Geschichte des Landes, aber auch zum klassischen Produkt der Zentraltoskana, dem Chianti Classico, ausdrücken.

Durch das große Ernteaufkommen sowie den Einsatz von neuester Technik werden Weine erzeugt, deren Preis-Leistungs-

Verhältnis ihr wahres Plus ist. Weine für den täglichen Konsum, die deswegen jedoch nicht von minderer Qualität sein müssen. Fazit: keine große Oper, doch solides Volksfest.

Weitere Produkte

Sekt, Olivenöl extravergine, Weinessig, Edelbrände.

Besonderheiten

Probier-Cantina mit allen Produkten des Hauses. Außerdem können Mittag- und Abendessen für rund 50 Personen verabredet werden.

Isole e Olena

Besitzer: Paolo De Marchi
Via Olena, Loc. Isole, 50021 Barberino Val d'Elsa, Tel. 055/807 27 63
Besuch mit Direktverkauf vorher anmelden

Gesamtqualität: ★★★
Rebfläche: 45 ha
Jährliche Abfüllung: 210.000
Preisniveau: 4–6

Die Spitzenweine

Cabernet De Marchi Collezione★★★
Cepparello★★★

Andere Weine

Chianti Classico★★★
Syrah★★
Chardonnay★★
Vin Santo★★★

Ausbau der Spitzenweine

Der Cepparello wird im Durchschnitt 12 Monate, der Cabernet Sauvignon bis zu 18 Monate in französischen Barriques ausgebaut.

Stil der Spitzenweine

Der Cabernet Sauvignon ist einer der großen Super Tuscans, ein duftiger Wein, der in guten Jahren durchaus an einen erstklassigen Bordeaux heranreicht. Der Cepparello ist ein reinsortiger Sangiovese mit großem Potential und delikaten Fruchtnoten.

Köstliche Chianti Classico

Mitte der 50er Jahre hatte der Turiner Rechtsanwalt De Marchi das große Anwesen in der Toskana erworben. Weil große Geldreserven fehlten, ging der Aufbau

des Weingutes der Spitzenklasse nur schrittweise vonstatten. Doch Jahr für Jahr verbesserte sich die Qualität der Weine, für die seit 1976 der Agrarwissenschaftler Paolo De Marchi, der Sohn des Turiner Rechtsanwalts, und sein Önologe Giampaolo Chiettini verantwortlich sind. Schon früh pflanzte De Marchi französische Sorten wie Syrah und Chardonnay, die in Barriques ausgebaut werden und sich durchaus mit französischer Konkurrenz messen lassen können. Doch sein Hauptaugenmerk gilt dem toskanischen Wein: dem Sangiovese, aus dem De Marchi Jahr für Jahr kleine Kunstwerke zaubert. Das gilt nicht nur für den Paradewein Cepparello, sondern auch für den einfachen Chianti Classico, der zu den besten der Region zu zählen ist. Köstlich ist auch der Vin Santo von Isole e Olena, ein geschmeidiger, cremiger Dessertwein mit wunderbaren Mandelnoten.

Mit diesen Produkten hat sich Isole e Olena in die vorderste Front der Qualitätweingüter im Chianti Classico gespielt. Und Paolo De Marchi gilt als eine der führenden Persönlikeiten in der Weinszene der Toskana, ja sogar Italiens. Ein Name, der stets für Innovationen und neue Wege steht, ohne jedoch die Tradition völlig zu verlassen.

Was bringt uns Isole e Olena in Zukunft? In erste Linie einen Chianti Classico sowie reinsortige Sangiovese-Weine der neuen Generation: dunkle, kraftvolle und zugleich geschmeidige Rote mit charaktervollen Tanninen, die ja nicht unbedingt hart und pelzig sein müssen. In dieser Beziehung hat Paolo De Marchi die Zeichen der Zeit schon vor Jahren erkannt.

Weiteres Produkt

Olivenöl extravergine.

Castello di Lilliano

Besitzer: Giulio Ruspoli Berlingieri
Loc. Lilliano, 53011 Castellina in Chianti, Tel. 0577/74 30 70
Direktverkauf ab Weingut möglich

Gesamtqualität: ★★
Rebfläche: 50 ha
Jährliche Abfüllung: 100.000
Preisniveau: 2–5

Der Spitzenwein

Anagallis★★

Andere Weine

Chianti Classico★★
Chianti Classico Riserva★★
Chianti Classico E. Ruspoli Berlingieri Riserva★★
Vigna Catena★★

Ausbau des Spitzenweins

Der Spitzenwein von Lilliano wird in französischen Barriques ausgebaut. Anschließend mindestens sechs Monate Flaschenlager.

Stil des Spitzenweins

Der Wein enthält 80 Prozent Sangiovese und 20 Prozent Colorino. Ein dichtes, rubinrotes Gewächs mit Kirschen- und Pflaumenaromen und kräftigen Tanninen. Gutes Reifepotential.

Sangiovese – Tradition als große Zukunft

Kommt man von Castellina in Chianti, geht der Weg nach etwa neun Kilometer auf der Weinstraße des Schwarzen Hahns rechts ab – eine schmale, baumumsäumte Allee führt zum Castello di Lilliano, nicht einfach

nur ein Weingut, sondern ein kleiner Weiler mit Herrenhaus, Park und Wirtschaftsgebäuden, die aristokratisches Ambiente ausstrahlen. Erste Aufzeichnungen von Lilliano gab es bereits im Mittelalter, als hier eine Wehranlage stand, zu der auch die Kirche Santa Cristina gehörte.
Seit drei Generationen ist das traditionelle Castello in Besitz der Familie Ruspoli. Bereits in den 50er und 60er Jahren erlangte das Gut mit seinen Chianti-Weinen überregionale Bedeutung, als seinerzeit noch dünne Weinchen mit der bauchigen Flasche im Bastkorb den Markt dominierten und jeder Weinfreund für einen richtigen Chianti Classico sehr, sehr dankbar war. Nach einigen Ups und Downs in der Folgezeit führt nun Giulio Ruspoli Berlingieri den Betrieb. Er hat den Önologen Giulio Gambelli engagiert, einen früheren Kellermeister der Brunello-Hochburg Biondi-Santi. Beide zusammen haben den Betrieb zu neuer Blüte gebracht.
Das liegt auch am Spitzenwein, der Cuvée Anagallis, die 20 Prozent Colorino enthält, eine rote Traubensorte, die in der Umgebung von Lilliano besonders gut gedeiht. Andererseits ist der Betrieb auch andere Wege gegangen, z.B. mit dem reinsortigen Merlot Vigna Catena, der in französischen Barriques ausgebaut wurde. Ein molliger Rotwein von internationalem Format, der bei Blindproben sicher nicht auf Anhieb als Italiener zu identifizieren ist.
Doch das große Engagement des Betriebs und seiner Macher gilt dem Sangiovese – mithin dem Chianti Classico. Und da haben Giulio Ruspoli und sein Önologe ausgezeichnete Ergebnisse erzielt. Die Weine besitzen durchweg Struktur und Charakter, auch wenn sie sich in ihrer Jugend teilweise noch etwas streng und eigenwillig präsentieren. Ein weiterer Pluspunkt für die Kunden: das ausgezeichnete Preis-Leistungs-Verhältnis beim Direktverkauf ab Weingut. Ein empfehlenswerter Ausflug ist es allemal.

Weitere Produkte

Olivenöl extravergine, Grappa, Vin Santo.

Besonderheiten

Zehn Ferienwohnungen auf dem Weingut. Weinproben mit Moderation (bis maximal 50 Personen) können verabredet werden.

LIVERNANO

Besitzer: Marco Montanari
Loc. Livernano, 53017 Radda in Chianti, Tel. 0577/73 83 53
Besuch vorher anmelden

Gesamtqualität: ★★
Rebfläche: 5,5 ha
Jährliche Abfüllung: 12.000
Preisniveau: 4–6

Der Spitzenwein

Puro Sangue★★

Andere Weine

Livernano★★
Anima★★ (weiß)

Ausbau des Spitzenweins

Der Puro Sangue wird bis zu 24 Monate in kleinen Eichenholzfäßchen ausgebaut. Das anschließende Flaschenlager erstreckt sich über mindestens sechs Monate.

Stil des Spitzenweins

Der reinsortige Sangiovese besticht durch die Tiefe seiner Farbe und Frucht (schwarze Beeren, Kirschtöne). Edle Tannine.

Qualität ist alles

Obwohl Livernano ein junger Betrieb in Schweizer Besitz ist, hat das Gut schon für einiges Aufsehen gesorgt, und die Produkte des Hauses zählen bereits zu den herausragenden Erzeugnissen in und um Radda. Das ist sicher kein Zufall, denn auf Livernano wird eindeutig auf Qualität gesetzt. Das beginnt einerseits bei niedrigen Hektarerträgen und setzt sich andererseits in einer konsequent schonenden Kellerarbeit fort.

Livernano-Weine sind konzentrierte Gewächse mit viel Substanz und Struktur. Dies gilt außer für den Spitzenwein Puro Sangue auch für die Sangiovese-Cabernet-Sauvignon-Cuvée Livernano, die ebenfalls im Barrique ausgebaut wurde. Letztere wurde sogar mit höchsten Weihen gewürdigt: Der italienische Weinatlas „Gambero Rosso 2000" verlieh dem Livernano gleich drei Gläser – eine riesige Überraschung für das kleine Gut – und natürlich auch für die Konkurrenz. Beachtlich ist auch der Weißwein des Hauses: In Anima fließen 70 Prozent Chardonnay mit Sauvignon Blanc und Traminer zusammen, eine reizvolle Mischung mit charaktervollem Geschmack und duftigem Bouquet.

Sangiovese, aber kein Chianti Classico...

So eigenwillig und untypisch für die Toskana diese Weine auch sein mögen, sie haben durchaus ihren Reiz. Der Zürcher Besitzer Marco Montanari und sein Önologe Stefano Chiocioli haben bislang mit Chianti Classico nur wenig im Sinn, obwohl sich ihr Gut bei Radda im Herzen dieses Anbaugebiets befindet. Trotzdem wird auf die autochthonen Rebsorte Sangiovese größten Wert gelegt. Die Trauben sind jedoch ausschließlich für den Puro Sangue vorgesehen, einen Wein mit dem beziehungsreichen Namen „Vollblut". So schmeckt er auch: ein hochkonzentrierter Wein, der dem Sangiovese-Trend in der Toskana alle Ehre macht – auch wenn die Chianti-Classico-Idee die Verantwortlichen von Livernano noch nicht überzeugt hat.

Der kleine, 1989 gegründete Betrieb besitzt ein großes Ausbaupotential. Zum Gut gehören 60 Hektar Land, ein Gelände mit einer hervorragenden Bodenmischung von Kalkmergel und Kalkstein mit guten Sonnenlagen. Man wird von Livernano noch einiges hören.

Weitere Produkte

Olivenöl extravergine, Grappa, Honig.

Fattoria Machiavelli

Besitzer: Gruppo Italiano Vini
Loc. S. Andrea in Percussina, 50026 San Casciano Val di Pesa
Tel. 055/82 84 71
Öffnungszeiten: Di–So 12.30–14 und 20–21.30 Uhr, Mo geschl.

Gesamtqualität: ★★
Rebfläche: 26,5 ha
Jährliche Abfüllung: 2,5 Mio.
Preisniveau: 2–4

Der Spitzenwein

Chianti Classico Fontalle Riserva★★

Andere Weine

Chianti Classico★
Il Principe★★
Ser Niccolò Solatio des Tani★★
Vigna Il Piano IGT★★ (weiß)

Ausbau des Spitzenweins

30 Prozent des Weines bleibt nach der Gärung in Barriques aus amerikanischer Eiche und kommt danach in Inox-Tanks; der Rest reift bis zu 24 Monate in Fässern aus Limousin-Eiche. Nach der Abfüllung bleibt der Wein noch einmal mindestens sechs Monate im Flaschenlager.

Stil des Spitzenweins

Vigna di Fontalle ist ein Chianti Classico Riserva aus 92 Prozent Sangiovese Grosso, 5 Prozent Canaiolo Nero und 3 Prozent anderen Sorten, die den DOCG-Bestimmungen (die höchste italienische Qualitätsweinkategorie) entsprechen. Seine Farbe leuchtet in brillantem Rubinrot mit ziegelroten Reflexen. Das üppige Bouquet erinnert an den

Duft von wilden Himbeeren und Veilchen, mit einem frischen Hauch von Eukalyptus. Im Mund zeigt sich der Wein harmonisch, mit warmem Alkohol und einer saftigen Note nach schwarzen Waldbeeren (Brombeeren, Heidelbeeren).

Der Wein des Philosophen

Anno 1512 zog sich Politiker, Staatstheoretiker und Dichter Niccolò Machiavelli, aus seinem Amt als Staatssekretär in Florenz vertrieben, auf sein bescheidenes Landgut nach Sant'Andrea in Percussina bei San Casciano Val di Pesa zurück. Dort wuchsen Reben und Olivenbäume. Hier verbrachte der Schriftsteller und Politiker seine freie Zeit mit Freunden, hier verfaßte er auch sein Werk „Il Principe". Machiavelli zitierte in seinen Schriften La Fontella, eine besondere Lage mit einer Quelle unter einem Olivenbaum. Sie ist noch heute ein Teil des Gutes, das sich allerdings nun im Besitz der Gruppo Italiano Vini befindet. Dieser Branchenriese ist Eigentümer von nicht weniger als 14 Weingütern und Kellereien. Machiavelli, das wie der andere Betrieb Conti Serristori aus dem berühmten Weinhaus Serristori hervorging, ist dazu bestimmt, eine bedeutende Rolle auf dem Qualitätssektor zu spielen.

Unter dem Önologen Nunzio Capurso hat das Gut eine Reihe interessanter Weine auf den Markt gebracht, die auch Experten wie die der italienischen Weinbibel „Gambero Rosso" begeisterten. Außer dem Spitzenwein des Gutes wären noch der konzentrierte Il Principe sowie der Ser Niccolò Solatio des Tani aus Cabernet Sauvignon zu nennen. Bemerkenswert ist auch der Vigna Il Piano IGT, ein eleganter Weißwein, der aus roten Trauben der Sorte Canaiolo Nero gekeltert wurde.

Weiteres Produkt

Olivenöl extravergine.

Besonderheiten

Zum Weingut gehört die Albergaccio-Tavernetta Machiavelli mit typischer toskanischer Küche. Tel. 055/82 84 71.

Fattoria La Massa

Besitzer: Giampaolo Motta
Via Case Sparse 9, 50020 Panzano in Greve, Tel. 055/85 27 22
Besuch vorher anmelden (Fremdsprachen: Deutsch, Englisch, Französisch)

Gesamtqualität: ★★★
Rebfläche: 20 ha
Jährliche Abfüllung: 160.000
Preisniveau: 3–5

Der Spitzenwein

Chianti Classico
Giorgio Primo★★★

Andere Weine

Chianti Classico★★★

Ausbau des Spitzenweins

Der Wein wird bis zu 24 Monate in kleinen Fässern aus französischer Eiche ausgebaut. Danach erfolgt eine zwölfmonatige Verfeinerung auf Flaschen.

Stil des Spitzenweins

Beim Chianti Classico Giorgio Primo, benannt nach Giampaolo Mottas Großvater, sind sich nahezu alle Experten einig: einer der besten Chianti des Anbaugebiets. Prachtvolles Rubin mit blitzenden Granatreflexen, verführerisches Aroma von Schattenmorellen, Beerenfrüchten, abgerundet mit Pflaumen und einem Hauch von Vanille und Röstaromen. Satter, fleischiger Geschmack, fest und dennoch mit kraftvoller Eleganz. Harmonische Tannine und ein sinnliches Finish.

Die Weine des Neapolitaners

Erst Anfang der 90er Jahre gründete Giampaolo Motta dieses

Weingut in Panzano. Zuvor sollte er die Familien-Gerberei Russo di Cassandrino in Neapel übernehmen, die zu den besten Italiens gehört. Der junge Mann hatte jedoch anderes im Sinn. Er wollte Wein erzeugen, sehr guten Wein, in der Toskana. Systematisch baute er seine neue Laufbahn auf – mit „Lehrjahren“ bei Riècine in Gaiole und Castello di Rampolla in Panzano. Schließlich kaufte er 1992 sein eigenes Gut, dessen Weinberge in der Conca d'Oro eine optimale Lage haben: Hänge in einer durchschnittlichen Höhe von 350 Metern mit südlicher Ausrichtung, die sich wie die Kurve eines natürlichen antiken Theaters präsentieren. Giampaolo engagierte den begabten Önologen Carlo Ferrini – und ließ sich auch nicht durch seinen ersten Jahrgang, den nicht übermäßig berauschenden 1992er, entmutigen.

Mittlerweile gehört der Betrieb zur Spitzenklasse der Erzeuger im Chianti-Classico-Gebiet. Auch das „einfache“ Produkt des Hauses, der Chianti Classico aus niedrigen Hektarerträgen, ist ein überaus sinnlicher Wein: saftig, mit wunderbar frischen Fruchtnoten und dem Aroma von reifen, roten Beeren; große Struktur und ein Hauch von Holz.

Innerhalb kürzester Zeit haben die Weine auch ihre internationalen Märkte gefunden, Dabei war auch das z.T. euphorische Lob der Produkte von La Massa hilfreich. Mittlerweile gehört der Betrieb zu den Besten und gefragtesten Gütern von Panzano. Massa-Weine sind „in“.

Weiteres Produkt

Olivenöl extravergine.

Besonderheiten

Villa (12 Betten) zu vermieten.

MELINI

Besitzer: Gruppo Italiano Vini
Loc. Gaggiano, 53036 Poggibonsi, Tel. 0577/98 90 01
Verkauf: Mo–Do 9–12 und 14–17 Uhr, Fr 9–12 Uhr

Gesamtqualität: ★
Rebfläche: 161 ha
Jährliche Abfüllung: 10 Mio.
Preisniveau: 1–3

Der Spitzenwein

Chianti Classico Vigneti
La Selvanella Riserva★★

Andere Weine

Melini Coltri Uno
Toscana IGT★
Melini Coltri Due
Toscana IGT★
Chianti Classico I Sassi★
Vernaccia di San Gimignano
Le Grillaie★★ (weiß)

Ausbau des Spitzenweins

Der Spitzen-Chianti des Hauses wird nach der Gärung zwei Jahre lang in großen Fässern aus Limousin-Eiche gelagert, anschließend folgen sechs Monate Flaschenlager.

Stil des Spitzenweins

Der Selvanella kommt von Weinbergen, die das Haus Melini in Radda, mitten im traditionellen Chianti Classico, besitzt. Obwohl davon ca. 350.000 Flaschen pro Jahr erzeugt werden, ist die Qualität beachtlich: satte, rubinrote Farbe, delikates Aroma von Veilchen, Himbeeren und Gewürzen; im Geschmack trocken und warm mit einer Nuance Röstmandeln und Waldbeeren.

Ein Weißwein nach Michelangelo

Melini ist eine der größeren Kellereien der Toskana. Sie gehört zum Weinriesen Gruppo Italiano Vini und hat Besitzungen in Poggiponsi, Radda, Castellina, bei San Gimignano und am Rand von Panzano. Die Hauptweine dieses großen Betriebs sind Chianti Classico, die der Kellereichef Nunzio Capurso in teilweise erstaunlicher Qualität – und zu günstigen Preisen – auf die Flasche bringt. Neben dem Spitzenwein La Selvanella bietet Melini mit dem Coltri Uno eine Cuvée aus 70 Prozent Sangiovese und 30 Prozent Cabernet Sauvignon an, die ebenfalls zwei Jahre im großen Eichenfaß ausgebaut wurde. Beim weichen Coltri Due ist das Mischungsverhältnis genau umgekehrt: 70 Prozent Cabernet, 30 Prozent Sangiovese. La Selvanella ist das Chianti-Classico-Gut des Hauses Melini, die Heimat von ausgezeichneten Rotweinen. Hier wurde die Erfindung gemacht, die den Chianti zu seinem Siegeszug um die Welt verhalf. Um 1860 entwickelte Laborel Melini den ersten *fiasco strapeso* – die bauchige Flasche in Bastkleid. Freunde des italienischen Weißweins sollten unbedingt Melinis Vernaccia di San Gimignano verkosten, dessen Etikett eine Grille ziert. Das hat zweierlei Gründe: Erstens leben Grillen an den sonnigsten Hängen der Toskana; zweitens soll Leonardo Buonarroti, ein Neffe des Maler- und Bildhauergenies Michelangelo, im 16. Jahrhundert den Vernaccia beschrieben haben mit: „Küßt und leckt und beißt und piekt und sticht."

Weitere Produkte

Olivenöl extravergine, Grappa, Salsa Balsamica.

Besonderheiten

Verabredete Weinproben mit maximal 50 Personen.

MONTEVERTINE

Besitzer: Sergio Manetti
Loc. Monte Vertine, 53017 Radda in Chianti, Tel. 0577/73 80 09

Gesamtqualität: ★★
Rebfläche: 8 ha
Jährliche Abfüllung: 55.000
Preisniveau: 2–5

Der Spitzenwein

Le Pergole Torte★★★

Andere Weine

Il Sodaccio★★
Monte Vertine★★
Piam del Ciampolo★
Il Cannaio★★
M★★ (weiß)
Bianco di Monte Vertine★ (weiß)
Ambradolce★★ (Dessertwein)

Ausbau des Spitzenweins

Der Pergole Torte reift bis zu 24 Monaten in Barriques aus französischer Eiche.

Stil des Spitzenweins

Dieser Rotwein aus ausgesuchten Sangiovese-Trauben hat eine dunkelrubinrote Farbe und seidigen Glanz. Im Bouquet betört der Duft von Waldbeeren, Veilchen, Zimt und Vanille. Geschmeidiger Körper voller Eleganz und Kraft. Erreicht erst nach fünf bis zehn Jahren seinen Höhepunkt.

Vom Stahlbaron zum Winzer

Der Aufstieg von Montevertine ist – wie so oft in der Toskana – dem leidenschaftlichen Engagement eines Amateurs zu verdanken – in diesem Fall Sergio Manetti. Er war Besitzer einer Stahlfabrik in Poggiponsi und schätzte gute Weine als unverzichtbare Essensbegleiter, doch mit ihrer Erzeugung hatte er nichts zu tun. 1967 legte er sich in Radda ein Landhaus zu. Zunächst war es als Wochenendresidenz gedacht, doch als Manetti mit der Restaurierung fertig war, ließ er auch Weine aus dem dazugehörigen Weinberg keltern. Das Ergebnis war überraschend. Manetti hatte, wohl ohne es zu wissen, erstklassige Lagen miterworben. Rasch wurden Handel und Restaurants auf die guten Gewächse aufmerksam – und so traf Sergio Manetti den folgenschweren Entschluß, seine Stahlfirma zu verkaufen und in das Weingut zu investieren. Als önologischen Berater gewann er Giulio Gambelli.

Der neue Besitzer von Montevertine wurde rasch zu einer Kultfigur im toskanischen Weinbau, speziell im Chianti Classico. Er ist ein Verfechter der traditionellen Sangiovese-Rebe, von der er allerdings nur beste Klone verwendet. Die Weine werden teils in großen traditionellen Fässern, teils in Barriques ausgebaut. Und Merlot, Cabernet Sauvignon oder Chardonnay wird man, außer vielleicht in Manettis Privatkeller, auf Montevertine vergeblich suchen.

Neben dem auserlesenen Pergole Torte bietet das Weingut auch eine exzellente Riserva und Il Sodaccio, eine Auslese aus Sangiovese und Canaiolo, an. Ein weiteres exklusives Produkt des Hauses ist Il Cannaio (aus ausgesuchten Sangiovese- und Canaiolo-Trauben), die der Weinfreund allerdings nur in dem Florentiner Sterne-Restaurant von Giorgio Pinchiorri genießen kann, denn dieser Wein wird ausschließlich für ihn erzeugt.

Zu dieser Produktpalette von höchster Qualität gehören auch der Weißwein „M“ (Trebbiano und Malvasia), der vier Jahre im kleinen Holzfaß reift, und der Ambradolce, ein fulminanter Dessertwein aus Trebbiano, Malvasia und Sangiovese.

Weitere Produkte

Olivenöl extravergine, Weinessig, Grappa La Vita, L'Aqua Vitae di Pergole Torte.

Fattoria Nittardi

Besitzer: Peter Femfert und Ehefrau Dr. Stefania Canali-Femfert
Loc. Nittardi, 53011 Castellina in Chianti, Tel. 0577/74 02 69
Verkauf: Mo–Fr 9–12 und 15–18 Uhr

Gesamtqualität: ★★
Rebfläche: 14 ha
Jährliche Abfüllung: 60.000
Preisniveau: 2–4

Der Spitzenwein

Chianti Classico Riserva★★

Andere Weine

Casanuova di Nittardi
Chianti Classico★★

Ausbau des Spitzenweins

Nach der Gärung wird er bis zu 18 Monate in Barriques ausgebaut.

Stil des Spitzenweins

Eleganz ist das herausragende Merkmal des Spitzenweins von Nittardi. Duftige Fruchtnoten harmonieren ausgewogen mit Würz- und Röstaromen. Bei jugendlichen Weinen sind die Tannine noch etwas kräftig, doch das gibt sich mit der Zeit.

Der Wein der Künstler

Der Name Nittardi geht auf Nictar dei zurück. Die Geschichte dieses Traditionshauses, zwischen Florenz und Siena im Herzen der Toskana gelegen, reicht bis ins 12. Jahrhundert zurück. In der Hochblüte der Renaissance hatte Nittardi einen berühmten Besitzer: Kein Geringerer als das Kunstgenie Michelangelo Buonarroti baute hier im 16. Jahrhundert seinen eigenen

Wein an. Das Beste aus seinem Keller ließ er Papst Leo X. als Geschenk zukommen. Seine Liebe „zum Reinen und Unverfälschten" beschrieb er 1549 seinem Neffen Leonardo mit den Worten: „Zwei Fäßchen Wein würde ich acht Hemden vorziehen."

1982 kauften der Frankfurter Galerist und Verleger Peter Femfert und seine Frau Dr. Stefania Canali, eine Historikerin aus Venedig, das prächtige Anwesen. Der Ruhm des Vorvorbesitzers verpflichtet: Die Femferts erzeugen, beraten von ihrem Önologen Dr. Carlo Ferrini, nicht nur erstklassige, vollmundige Chianti-Classico-Weine, sie haben aus ihrem Besitz auch wieder ein Haus der Kunst gemacht. Wie beim berühmten Bordelaiser Château Mouton-Rothschild ziert das Etikett (und Einschlagpapier) von jedem Jahrgang eines limitierten Casanuova di Nittardi Motive eines bekannten Künstlers. So wurden Paul Wunderlich, Luigi Veronesi, A. R. Penck, Raymond Waydelich, Alfred Hrdlicka, Friedensreich Hundertwasser, Valerie Adami, Corneille, Horst Janssen u. v. a. für Nittardi tätig. Diese künstlerischen Designs machen die Flaschen zu beliebten Sammlerobjekten.

Weitere Produkte

Olivenöl extravergine, Grappa.

Besonderheiten

Die Fattoria Nittardi bietet neben stilvollen Gästezimmern im Herrenhaus Casa Padronale und im Bauernhaus Casanuova zahlreiche Aktivitäten an: Sprach-, Mal- und Kochkurse sowie eine Gourmetwoche. Info unter Tel. 0577/74 02 69 in Castellina in Chianti oder in Deutschland, Dr. Stefania Canali, Tel. 069/72 09 99.

Fattoria di Nozzole

Besitzer: Familie Folonari
Loc. Passo di Pecorai, 50020 Greve in Chianti, Tel. 055/85 80 18
Besuch vorher anmelden

Gesamtqualität: ★★
Rebfläche: 60 ha
Jährliche Abfüllung: 400.000
Preisniveau 2–5

Der Spitzenwein

Il Pareto★★★

Andere Weine

Chianti Classico★★
Chianti Classico La Forra Riserva★★
Le Bruniche★★ (weiß)

Ausbau des Spitzenweins

Il Pareto reift 15 Monate in französischen Barriques, danach bis zu einem Jahr Flaschenlager.

Stil des Spitzenweins

Der reinsortige Cabernet Sauvignon Il Pareto ist einer der interessantesten „neuen" Weine der Toskana. Er wird seit dem Jahrgang 1988 erzeugt und ist ein komplexes, dichtes Gewächs mit tiefroter Farbe. Aroma von Kernobst wie Kirsche und Pflaume und im Mund ein wahrer Früchtekorb: Pflaume, Weichselkirschen, schwarze Beeren, abgerundet durch sanfte Tannine. Tolles Finish.

Filiale von Ruffino

Die Fattoria di Nozzole zählt zum weitläufigen Besitz der Familie Folonari, der auch die Kellereien von Ruffino gehören, also einer

der wichtigsten Weindynastien der Toskana. Allerdings werden die Weine der als Landsitz und Gästehaus genutzten Fattoria di Nozzole nur unter den Eigennamen vermarktet, ein Hinweis auf den Qualitätsanspruch dieser Ruffino-Filiale. Die Nozzole-Gewächse sind muskulöse, kraftvolle Weine. Das gilt auch für die Chianti-Classico-Erzeugnisse, insbesondere für die Riserva La Forra.
Jedes Jahr werden rund fünf Hektar neues Rebland angelegt und überwiegend mit neuen, leistungsfähigen Sangiovese-Klonen bepflanzt. 80 Prozent der Nozzole-Weine stammen von eigenen Trauben, der Rest wird von Winzern aus der Umgebung dazu gekauft.
Die Fattoria Nozzole ist ein Traditionsbetrieb aus 15. Jahrhundert, der erst 1973 von der Folonari-Familie gekauft wurde. Sämtliche Weine werden nur unter dem Original-Namen vermarktet und nicht unter Ruffino. Gleichwohl hat die Familie ihr ganzes Qualitäts-Knowhow mit eingebracht, z.B. eine enge Pflanzdichte von ca. 5000 Rebstöcken pro Hektar im Weinberg, niedrige Erträge und schonender Ausbau, teilweise im Barrique (acht Monate bei der Chianti Classico Riserva).
Nozzole-Weine wachsen größtenteils auf lehmigen Böden. In ihrer Jugend sind sie bei aller Struktur und Power noch etwas eigenwillig und streng. Sie brauchen eine längere Reifezeit, um höchsten Genuß zu vermitteln, dann aber können sie sich mit den besten Roten in und um Greve messen.
Ein besonderer Tip für Freude des toskanischen Weißweins ist Le Bruniche, ein Chardonnay, von ungewöhnlicher Fruchtigkeit mit erfrischender Weinsäure, die an Zitrus erinnert. Er wird in Edelstahltanks bei niedrigen Temperaturen vergoren – und kommt zum achtmonatigen Ausbau *nicht* ins Barrique. Dadurch behält der Wein seine Spritzigkeit und fruchtige Eleganz.

Weiteres Produkt

Olivenöl extravergine.

Poggerino

Besitzer: Maria Floriana Ginori Conti
Via Poggerino 6, 53017 Radda in Chianti, Tel. 0577/73 82 32
Besuch vorher anmelden

Gesamtqualität: ★★
Rebfläche: 11 ha
Jährliche Abfüllung: 30.000
Preisniveau: 2–4

Der Spitzenwein

Chianti Classico Bugialla Riserva★★

Andere Weine

Chianti Classico Riserva★★
Chianti Classico★★

Ausbau des Spitzenweins

Der Chianti Classico Bugialla Riserva reift, wie alle anderen Weine des Hauses, 18 bis 24 Monate lang in Barriques. Anschließend erfolgt ein Flaschenlager von mindestens sechs Monaten.

Stil des Spitzenweins

Ein hervorragend ausbalancierter Wein mit dezenten Frucht- und Röstaromen, die auf gekonnten Barrique-Einsatz schließen lassen. Voller Körper und weiche Tannine.

Chianti Classico vom Feinsten

Das Weingut wurde 1980 von Prinz Ginori Conti aus einer der ältesten Florentiner Familie an seine Tochter Maria Floriani vererbt, und seine Besitzerin hat sich zum Ziel gesetzt, erstklassige Chianti-Classico-Weine zu erzeugen. Was ihr unter der Ägide

des Önologen Piero Lanza auch gelungen ist. Alle Weinberge wurden neu angelegt und mit besseren Sangiovese-Klonen bepflanzt. Freunde des „einfachen" Chianti Classico schätzen diesen Wein mindestens so hoch ein wie die teureren Produkte des Hauses. Allerdings hat dieser Chianti Classico kaum mehr etwas gemein mit den gleichnamigen dünnen Weinchen früherer Jahrzehnte. Er besitzt eine intensive, jedoch nicht aufdringliche Frucht, hat, wie seine dunkle Farbe schon vermuten läßt, jede Menge Substanz und ist trotzdem kein schwerer, sondern ein eleganter, komplexer Wein, der durchaus ein ganzes Abendmenü begleiten kann.
Der Erfolg des Weinguts ist auf striktes Qualitätstreben zurückzuführen. Das beginnt mit der Rodung von alten Olivenbaumhainen, die mit Sangiovese-Reben in hoher Rebstockdichte bepflanzt wurden. Außerdem mustert Direktor Piero Lanza, der gleichzeitig auch der Önologe auf Poggerino ist, den alten Faßbestand aus. Er wird nach und nach durch französische Barriques ersetzt, die dem Chianti Classico Tiefe und Struktur verleihen, vorausgesetzt, der Wein erfüllt die qualitativen Anforderungen.
Die Güte des Wein hat sich mittlerweile auch in Mitteleuropa herumgesprochen. Über 20 Prozent der Jahresproduktion geht nach Deutschland, vornehmlich in die gehobene Gastronomie. Die Weinfreunde dürfen sich freuen, denn Poggerino ist noch lange nicht an seiner Leistungsgrenze angelangt.

Weiteres Produkt

Olivenöl extravergine.

Besonderheiten

Vier Ferienwohnungen mit Agriturismo-Programm. Weinproben mit dem Besitzer oder Verwalter für maximal 20 Personen möglich. Rechtzeitig anmelden. Das gilt auch für Mittag- und Abendessen auf dem Weingut ab acht Personen. Fremdsprachen: Englisch, Deutsch.

Poggio al Sole

Besitzer: Giovanni Davaz
Loc. Badia a Passignano, 50028 Tavarnelle Val di Pesa
Tel. 055/807 15 04; Besuch nach Voranmeldung

Gesamtqualität: ★★
Rebfläche: 14 ha
Jährliche Abfüllung: 60.000
Preisniveau: 2–5

Der Spitzenwein

Chianti Classico Casasilia Riserva★★

Andere Weine

Chianti Classico Riserva★★
Chianti Classico★
Seraselva★★
Syrah★★
Vin Santo★

Ausbau des Spitzenweins

Der Wein reift zu zwei Dritteln bis zu zwanzig Monate in Barriques aus französischer Eiche. Der Rest wird in traditionellen Großfässern ausgebaut.

Stil des Spitzenweins

Eine wunderschöne Riserva mit mächtiger, aber nicht penetranter Fruchtfülle, prächtig eingebunden in kräftige, doch nicht kratzige Tannine. Hinzu kommen delikate Kakao-, Kaffee- und Rösttöne.

Schweizer Leidenschaft

Der Schweizer Weinbautechniker Giovanni Davaz aus Graubünden hat sich wie etliche seiner Landsleute in die Toskana verliebt. Und weil er nicht nur ein natur-und kulturverbundener, sondern auch

ein zielstrebiger Mann ist, kaufte er 1990 Poggio al Sole, das zu den schönsten Weingütern im Chianti Classico gehört. Davaz' ehrgeiziger Maßstab: die besten Weine des Anbaugebiets in seinem Betrieb zu erzeugen. Und er ist auf gutem Weg dazu. Seine Chianti-Classico-Weine sind exzellente Beispiele dafür, wie solche Gewächse heute schmecken sollen: ausgeprägt fruchtig, von feinen Tanninen geprägt. Spannende Weine eben, mit viel Potential. Der neue Star in dieser Kollektion: die Chianti Classico Casasilia, so lautet auch der antike Name des Weinguts.
Giovanni Davaz ließ auch neue französische Reben pflanzen. Sein rassiger Syrah hat bereits Aufsehen erregt, ebenso der Seraselva, eine rare Cuvée aus zwei Dritteln Merlot und einem Drittel Cabernet Sauvignon, bei der die Frucht (Pflaume, Kirsche, Brombeere) eine herzhafte Balance mit rauchigen Röststoffen und Tanninen eingeht.
Zunächst arbeitete Giovanni Davaz gemeinsam mit seinem Bruder Andrea auf ihrem neuen Besitz in der Toskana. Sie engagierten den bekannten Önologen Franco Bernabei, der auch Felsina im Süden des Chianti Classico betreut und die Brüder mit den Verhältnissen in der Toskana vertraut machte. 1995 übernahm Giovanni dann auch die Verantwortung im Keller. Zum gleichen Zeitpunkt kehrte sein Bruder Andrea zurück in die Schweiz, um fortan das elterliche Weingut in Graubünden zu leiten. Die familiäre Bindung funktioniert jedoch nach wie vor: Andrea importiert die Weine von Poggio al Sole in die Schweiz. Jede zweite Flasche des Toskana-Betriebs der Davaz-Familie wird von den Eidgenossen getrunken, die offensichtlich von dem betörenden Chianti Classico aus Badia a Passignano nicht genug bekommen können. Anregend bis animierend sind auch die geschmackvollen Etiketten von Poggio al Sole, die genau das versprechen, was der Flascheninhalt hält.

Weiteres Produkt

Olivenöl extravergine.

Castello di Querceto

Besitzer: Alessandro François
Loc. Dudda, 50020 Greve in Chianti, Tel. 055/854 90 64
Direktverkauf: Mo–Fr 9–19 Uhr, sonst nach Vereinbarung

Gesamtqualität: ★★
Rebfläche: 50 ha
Jährliche Abfüllung: 300.000
Preisniveau: 2–4

Die Spitzenweine

Il Picchio Chianti Classico Riserva★★
Il Corte★★
Il Querciolaia★★

Andere Weine

Chianti Classico★★
Cignale★★
Le Giuncaie★ (weiß)
Vin Santo★

Ausbau der Spitzenweine

Die Spitzenweine werden nach der alkoholischen und malolaktischen Gärung je nach Weintypus ein bis zwei Jahre in Barriques gelagert.

Stil der Spitzenweine

Il Picchio ist ein würzig duftender Chianti Classico Riserva (Kirsche, rote Beeren) mit einem warmen, vollen Geschmack und kräftigen Tanninen. Noch voller und dichter präsentiert sich Il Corte, ein reinsortiger Sangiovese, der mit einem konzentrierten Bouquet (Pflaume, Kirsche) betört. Beim Il Querciolaia wurden 65 Prozent Sangiovese mit 35 Prozent Cabernet Sauvignon gemischt – eine runde, kraftvolle Cuvée.

Das Wildschwein auf dem Etikett

In der Firmenschrift von Castello di Querceto heißt es, daß dieses Anwesen auf die Zeit der Langobarden zurückgehe. Die Burg wurde zerstört und im 16. Jahrhundert wieder aufgebaut. Sein mittelalterliches Ambiente hat das Gut über Jahrhunderte hinweg jedoch erhalten. 1897 erwarb die Familie François den Betrieb. Und 1924 war Castello di Querceto eines von 33 Gründungsmitgliedern des „Consorzio del Chianti Classico".

Querceto-Weine gelten als ungewöhnlich langlebig, was auch bei einer Degustation anläßlich des hundertjährigen Firmenjubiläums 1997 unter Beweis gestellt wurde. Alessandro François ließ Flaschen großer Jahrgänge öffnen, darunter auch 1904er Chianti, der, so der Verkoster von „Gambero Rosso", „noch voller Leben war".

Für die Spitzenweine hat sich das Haus selbst strenge Maßstäbe gesetzt. Von ihnen dürfen nur maximal 35 Hektoliter pro Hektar geerntet werden; eine strenge Selektion garantiert nur gesundes Lesegut. Die Weinberge, die in einer Höhe zwischen 400 und 500 Meter liegen, sind neben den üblichen Rebsorten der Toskana auch mit Chardonnay, Cabernet Sauvignon und Merlot bepflanzt. Aus Cabernet und Merlot besteht auch ein weiterer Spitzen-Cru

des Hauses: Cignale, ein stoffiger und süffiger Wein mit herrlichem Aroma von Pflaumen und schwarzen Kirschen, weichen Tanninen und einem sanften Finish. *Cignale* ist das Dialektwort für *cinghiale*: Wildschwein. Es ziert die Etiketten dieses schmusigen Weins.

Weitere Produkte

Olivenöl extravergine, Spumante François Premier, Grappa, Aquavite Riserva de Arzente.

Besonderheiten

Das Weingut bietet im Rahmen des Agriturismo vier Ferienwohnungen an.

QUERCIABELLA

Besitzer: Agricola Querciabella s.a.s. di G. Mazzanti & C.
Via S. Lucia a Barbiano 17, 50022 Greve in Chianti
Tel. 055/85 38 34, Fax 854 46 57; Besuch telefonisch anmelden

Gesamtqualität: ★★
Rebfläche: 25 ha
Jährliche Abfüllung: 180.000
Preisniveau: 2–5

Der Spitzenwein

Camartina★★

Andere Weine

Chianti Classico Riserva★★
Chianti Classico★★
Batàr★(weiß)

Ausbau des Spitzenweins

Der Carmatina reift bis zu 24 Monate in neuen und gebrauchten französischen Barriques, danach einige Monate im Flaschenlager.

Stil des Spitzenweins

Ein sogenannter Super Tuscan, der sicherlich irgendwann einmal durch den Chianti Classico Riserva als Spitzenwein ersetzt wird. Die Cuvée aus Sangiovese und Cabernet Sauvignon besticht durch ihre machtvolle, konzentrierte Frucht (Kirschen, Waldbeeren, Cassis) und einen feinen Touch von Kaffee, Tabak und Eichenholz.

Vom Stahlmanager zum Weinbauern

Querciabella wurde von dem vermögenden Mailänder Stahlindustriellen Giuseppe Castiglioni gegründet und vom Gutsdirektor Dr. Guido de Santi, einem Önologen mit Juristen-Examen, in die Spitzengruppe der Erzeuger im Chianti Classico geführt. Noch ist der Tafelwein Camartina der Paradewein des Hauses; doch die Chianti Classico von Querciabella holen gewaltig auf. Und ihnen wird zweifelsohne die Zukunft gehören.

Freunde des toskanischen Weißweins sollten den Batàr kosten, ein Chardonnay, der im Barrique ausgebaut wurde und in guten Jahren ein beachtliches Niveau erreicht. Bisweilen erinnert dieser Wein sogar an die großen Weißen aus dem Burgund.

Alles begann 1972, als Giuseppe Castiglioni nach einer geradezu romanhaften Odysee als Stahlmanager in Mexiko nach Italien zurück kehrte und im Weiler Ruffoli bei Greve in Chianti ein kleines Weingut kaufte. Der erste Jahrgang ergab gerade mal 1.300 Flaschen. Schritt für Schritt eroberte Querciabella Terrain auf dem umkämpften Markt. Die Devise: Klasse statt Masse – in den 70er Jahren ein noch relativ ungewohntes Qualitätsstreben unter toskanischen Winzern.

Neben Gutsdirektor De Santi wurde der Önologe Dales D'Alessandro engagiert, der zudem noch vom legendären Weinmacher Giacomo Tachis unterstützt wird. Eine Zusammenballung von Knowhow, die schließlich zwangsläufig Früchte tragen mußte, zumal auch neue Wienberge ange-

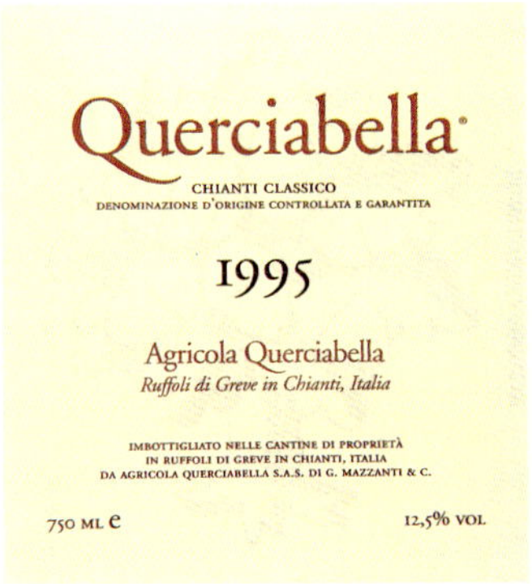

legt, der Keller modernisiert und auch das mittelalterliche Anwesen geschmackvoll restauriert wurde. Heute macht Querciabella den Eindruck eines Musterbetriebs, was es in der Tat auch ist. Die Chianti Classico gehören zu den besten der Region. Der hohe Level des Weinguts düfte noch lange nicht an seine Grenzen gestoßen sein. Zum Betrieb gehören insgesamt 150 Hektar. Genügend Platz für neue Rebflächen ist also vorhanden.

Andere Produkte

Olivenöl, Grappa.

Castello dei Rampolla

Besitzer: Familie der Fürsten von Napoli Rampolla
Leitung: Luca und Maurizio di Napoli Rampolla
Via Case Sparse 22, 50020 Panzano in Chianti, Tel. 055/85 20 01
Besuch vorher anmelden

Gesamtqualität: ★★★
Rebfläche: 36 ha
Jährliche Abfüllung: ca. 180.000
Preisniveau: 2–6

Die Spitzenweine

La Vigna di Alceo★★★
Sammarco★★★

Andere Weine

Chianti Classico Riserva★★
Chianti Classico★★★
Trebianco★ (weiß)
Trebbiano Vendemmia Tardiva★★ (weiß)

Ausbau der Spitzenweine

Der Alceo wie auch der Sammarco werden in Barriques ausgebaut und reifen bis zu zwanzig Monate in kleinen Eichenholzfässern.

Stil der Spitzenweine

Der Sammarco war der erste Spitzenwein des Hauses. Diese Cuvée aus 80 Prozent Cabernet Sauvignon und 20 Prozent Sangiovese wurde bei etlichen Blindverkostungen schon mit großen Gewächsen aus dem Bordelais verwechselt. Dichtes Rubinrot, würziges Aroma und Geschmack von Kirschen und Nüssen mit einem leichten Rauchton. Der Alceo des Jahrgangs 1996 wurde von der italienischen Weinbibel „Gambero Rosso“ sogar zum be-

sten Wein Italiens gekürt. „Vor diesem önologischen Titanen“, so schrieben die euphorisierten Kritiker, „dürfte sogar ein Latour oder ein Haut Brion verschämt den Korken einziehen.“

Das mag etwas übertrieben sein, doch zweifelsohne ist dies ein großer Wein: ein Verschnitt von Cabernet Sauvignon und Petit Verdot, feines elegantes Bouquet, kraftvoller Geschmack mit sanften Tanninen und ein grandioser Abgang.

Doch ob es ein typisch italienischer Wein ist, steht auf einem ganz anderen Blatt. Auf jeden Fall ist er rar und teuer wie ein großer Bordeaux.

Chianti Classico und große Ausnahmen

Die Fürsten von Napoli Rampolla erzeugen auf ihrem malerischen Gut in Panzano erst seit 1975 ihren eigenen Wein; vorher verkauften sie ihr Lesegut an Antinori. Der Betrieb war und ist zunächst auf seine sehr feinen und ausdrucksvollen Chianti-Classico und Chianti-Classico-Riserva-Weine spezialisiert, die zu den besten ihrer Art in der Zentraltoskana gehören.

Gleichwohl ging Alceo di Napoli Rampolla, Vorgänger der jetzigen Weingutsbesitzer, auch andere Wege. Er pflanzte französische Rebsorten, deren Weine er in Barriques ausbaute. So zum Beispiel Anfang der 80er Jahre den Spitzenwein Sammarco, benannt nach seinem bei einem Hubschrauberabsturz tödlich verunglückten Sohn Marco.

Auch Alceo di Napoli Rampolla wurde nach seinem Tod in einem Spitzenwein des Hauses ein Denkmal gesetzt – mit dem Alceo, der schon legendären Cuvée von Rampolla.

Interessant ist auch der Dessertwein Trebbiano Vendemmia Tardiva, der eher an eine edelsüße Auslese mit Botrytis erinnert als an einen Vin Santo.

Weiteres Produkt

Olivenöl extravergine.

Riècine

Besitzer: Gary & Lindsey Baumann und Sean O'Callaghan
Loc. Riècine, 53013 Gaiole in Chianti, Tel. 0577/74 90 98
Verkauf: April–Okt. Mo–Sa 10–18 Uhr, Nov.–März nach Vereinbarung

Gesamtqualität: ★★★
Rebfläche: 9 ha
Jährliche Abfüllung: 30.000
Preisniveau: 2–5

Der Spitzenwein

La Gioia★★★

Andere Weine

Chianti Classico★★
Chianti Classico Riserva★★★
Vino Bianco★ (weiß)
Sebastiano★★ (weiß)

Ausbau des Spitzenweins

Nach der malolaktischen Gärung reift der Spitzenwein des Hauses bis zu 18 Monate in neuen und einjährigen französischen Barriques und Tonneaux (500 Liter).

Stil des Spitzenweins

La Gioia heißt die Freude; und Freude kommt auf bei dem Genuß dieses Weines, einem der feinsten der Zentraltoskana. Ein reinsortiger Sangiovese von dunklem Violett mit einem würzigen Pflaumen-Bouquet. Aroma von Heidelbeeren, Schokolade und einem Hauch Vanille. Im Geschmack herrliche Kirschtöne und ein kraftvolles Finish.

Erst ein Engländer, dann ein Schotte

Riècine war eines der ersten Toskana-Weingüter, das in „fremde" Hände kam. 1971 kauften der

Londoner Werbeagenturbesitzer John Dunkley und seine italienische Frau Palmina Abbagnano Dunkley den Besitz von Badia a Coltibuono. Zwei Weinamateure, die sich höchsten Qualitätsansprüchen verschrieben hatten. Nur so, das wußten beide, konnte das kleine Weingut Rièecine Aufsehen erregen. Und nur mit der Sangiovese-Rebe, die an nach Norden hin durch Wälder abgeschirmten Südhängen in einer durchschnittlichen Höhe von 500 Meter optimal wächst. Nach einem herben Rückschlag mit dem katastrophalen Jahrgang 1972 entwickelten sich die Weine des Engländers immer besser; sein Qualitätsstreben – geringe Erträge, schonender Ausbau – trug Früchte.

Im Jahr 1991 stieg der junge Sean O'Callaghan als Weinmacher mit ein, ein Schotte, der an der deutschen Weinuniversität Geisenheim im Rheingau studiert und auf dem renommierten Schloßgut Diel an der Nahe als Betriebsleiter gearbeitet hatte. Ein kongeniales Team hatte sich gefunden. Sein Ziel: dunkle, ausdrucksvolle Chianti-Classico-Weine, wie es sie vorher noch nicht gab. Damit wurde Rièecine zu einem der Schrittmacher – und führenden Betriebe der Region.

Mittlerweile hat sich John Dunkley nach dem Tod seiner Frau vom Geschäft zurückgezogen. Das Gut wird von Sean O'Callaghan und seiner deutschen Frau geführt, neue Besitzer sind die Amerikaner Gary und Lindsey Baumann sowie Sean O'Callaghan selbst. Der Schotte und seine Familie haben auf den Hügeln um Gaiole ihre zweite Heimat gefunden, was einmal mehr der Sebastiano beweist, ein weißer Dessertwein aus Malvasia- und Trebbiano-Trauben mit unglaublichen Aprikosen- und Orangenoten. Der Wein trägt den Namen von Seans erstem Sohn, Sebastian.

Weitere Produkte

Olivenöl extravergine, Grappa di Sangiovese.

Rocca di Montegrossi

Besitzer: Marco Ricasoli-Firidolfi
Loc. Monti in Chianti, 53010 Gaiole in Chianti, Tel. 0577/29 11 74
Verkauf im Gut: Mo–Fr 8–12 und 13–17 Uhr, sonst nach Vereinbarung

Gesamtqualität: ★★
Rebfläche: 14 ha
Jährliche Abfüllung: 45.000
Preisniveau: 2–4

Die Spitzenweine

Vigneto San Marcellino★★
Geremia★★

Andere Weine

Chianti Classico★
Rosso di Toscana
Bianco di Toscana (weiß)
Vin Santo★

Ausbau der Spitzenweine

Der Vigneto San Marcellino reift bis zu 24 Monate in Eichenfässern und Tonneaux aus Allier-Eiche, danach mindestens ein Jahr im Flaschenlager. Der Geremia wird mindestens 15 Monate lang in Barriques und Tonneaux aus Allier-Eiche ausgebaut, auch er wird danach ein Jahr auf der Flasche verfeinert.

Stil der Spitzenweine

Der Vigneto San Marcellino ist ein Chianti Classico Riserva, der nach seinen Weinbergen benannt ist. In den päpstlichen Abgaberegistern des 13. Jahrhunderts taucht zum ersten Mal der Name Chianti auf, und zwar mit Bezug auf die Pfarrkirche, die als „Plebs in Sancti Marcellini in Kiantis" eingetragen ist. Diese Riserva wird nur in besten Jahrgängen erzeugt, und nur dann hat sie eine intensive Farbe: violett und tiefes Purpurrot. Ein ausgewogener, samtiger Wein.

Der zweite Spitzenwein des Hauses, der Geremia, ist ein Tafelwein in der Tradition der Super Tuscans, benannt nach einem Ahnherrn der Familie Ricasoli-Firidolfi. Er wird aus den besten Trauben des Gutes – 90 Prozent Sangiovese, 10 Prozent Merlot – gekeltert. Ein üppiger, ja mächtiger Wein, der dank seiner ausgewogenen Tannine trotzdem elegant wirkt. Ein intensives Bouquet von vollreifen Kirschen und schwarzen Beeren zeichnet ihn aus, gepaart mit Akzenten von Lakritz und Vanille. Samtig weiches Schmusefinish mit großem Nachhall.

Die Konkurrenz der Brüder

Rocca di Montegrossi ging aus dem Traditionsgut Cacchiano der uralten Adelsfamilie Ricasoli-Firidolfi hervor. Die Erbteilung geschah durch die Mutter der beiden Brüder Giovanni und Marco Ricasoli. Giovanni übernahm Castello di Cacchiano, Marco übernahm Rocca di Montegrossi. Mit dem Jahrgang 1999 wurden auch die Kellereien getrennt. Beide Betriebe sind nun mit eigenen Konzepten und Marketingstrategien völlig eigenständig.

Marco Ricasoli-Firidolfi, Jahrgang 1966, ist ein hochqualifizierter Weinmacher, der, assistiert von Kellermeister Marco Moccia, die Önologie seines Betriebs selbst in die Hand genommen hat. Er hat an der burgundischen Weinuniverstät von Dijon studiert und je eine Ausbildung im Önologischen Institut von Bordeaux sowie auf Castello di Cacchiano absolviert. Trotz aller Neuerungen steht sein Betrieb auf historischem Boden, denn schließlich wurde der Chianti-Wein nach der Rocca di Montegrossi benannt. Marco Ricasoli-Firidolfi arbeitet nach der klugen Maxime, daß große Weine in erster Linie im Weinberg erzeugt werden. Als Richtlinien gelten also: strenges Zurückschneiden der Triebe am Rebstock, Auslese per Hand bereits im Weinberg, niedrige, dafür qualitativ erstklassige Erträge mit gesundem Traubengut. Hinzu kommt eine schonende Kellerarbeit, bei der der Wein nicht mehr als unbedingt nötig bewegt wird. Das Resultat ist ein erstklassiges Sortiment, aus dem neben den Spitzenweinen der einfache Chianti Classico hervorsticht: ein süffiger Wein mit einem saftigen Bouquet von frischen Waldbeeren.

Weitere Produkte

Olivenöl extravergine, Grappa Riserva.

San Fabiano Calcinaia

Besitzer: Guido Serio
Loc. Cellole, 53011 Castellina in Chianti, Tel. 0577/97 92 32
Besuch vorher anmelden

Gesamtqualität: ★★
Rebfläche: 25 ha
Jährliche Abfüllung: 50.000
Preisniveau: 1–4

Der Spitzenwein

Cerviolo Rosso★★★

Andere Weine

Chianti Classico★★
Chianti Classico Riserva Cellole★★

Ausbau des Spitzenweins

Der Cerviolo Rosso reift in Barriques, mindestens 18 Monate. Danach bis zu sechs Monate Flaschenlager.

Stil des Spitzenweins

Der Cerviolo Rosso ist eine edle Cuvée aus 70 Prozent Sangiovese und 30 Prozent Cabernet Sauvignon, mit allen Attributen eines großen Weins: betörendes Bouquet, nobler Geschmack, perfekt ausbalanciert zwischen Frucht und Tanninen, großer Nachhall.

Gelungene Teamarbeit

Ein malerisches Bild, das man in der Phantasie genau so oder zumindest so ähnlich erwartet hat: Das Dorf Fabiano liegt in einer Talsenke, die von Castellina in Chianti in Richtung Poggisoni abfällt. Von den antiken und mittelalterlichen Strukturen sind nur mehr Spuren von Mauern sowie

Reste eines romanischen Tors erhalten. Hier liegt San Fabiano Calcinaia – und wenn der erste Eindruck nicht trügt, werden hier ausgezeichnete bis große Weine erzeugt.

Seit 1995 ist der Önologe Carlo Ferrini, der u. a. auch für Poliziano und La Massa arbeitet, auf diesem Weingut tätig, das dem Florentiner, inzwischen Mailänder Financier Guido Serio gehört. Beide schöpfen das gute bis überragende Lagenpotential dieses Betriebs optimal aus. Das gilt für den Spitzenwein des Hauses, vor allem aber auch für die Chianti Classico sowie für die Riserva, faszinierende Weine, wie man sie nicht allzu häufig unter dem Label des Schwarzen Hahns antrifft. Zudem haben die Gewächse ein hervorragendes Preis-Leistungs-Verhältnis.

Die Weinberge liegen in einer Höhe zwischen 250 und 500 Meter, das Terroir besteht aus Galestro sowie Kalk- und Mergelboden, auf dem vor allem der Sangiovese vorzüglich wächst und beste Ernteergebnisse bringt.

Zur Qualitätssteigerung trugen vor allem auch die enge Pflanzdichte von 5.400 Rebstöcken pro Hektar in den neuen Anlagen bei. Dadurch werden die Erträge auf natürliche Weise reduziert, die Kraft des Bodens und der Sonne konzentrieren sich in weniger Früchten. Die Weine werden überwiegend in französischen Barriques ausgebaut, ein Teil nach wie vor in traditionellen Fässern aus slowenischer und slawonischer Eiche.

Weiteres Produkt

Olivenöl extravergine.

Besonderheiten

Vier Ferienwohnungen innerhalb des Agriturismo-Programms. Außerdem bietet das Weingut Proben für zehn Personen an, bei denen auch ein kleiner Imbiß gereicht wird. Voranmeldung ist obligatorisch. Fremdsprachen: Englisch, Französisch.

Castello San Polo in Rosso

Besitzer: Familie Canessa
Loc. Lecchi, 53013 Gaiole in Chianti, Tel. 0577/74 60 45
Verkauf im eigenen Laden in Lecchi, übliche Geschäftszeiten

Gesamtqualität: ★★
Rebfläche: 24 ha
Jährliche Abfüllung: ca. 130.000
Preisniveau: 1–5

Der Spitzenwein

Cetinaia★★

Andere Weine

Chianti Classico★
Chianti Classico Riserva★★
Castelpolo★
Le Còccole★ (weiß)
Bianco dell'erta (weiß)
Rosa dell'erta

Ausbau des Spitzenweins

Nach den Gärungsprozessen wird der Wein bis 18 Monate lang in Barriques und Tonneaux aus französischer Eiche gelagert.

Stil des Spitzenweins

Ein üppiger Tafelwein aus 100 Prozent Sangiovese. Tiefes Rubin und feine, etwas zurückhaltende Kirschfrucht mit einem zarten Zedernholz- und Vanillearoma. Gehaltvoller Geschmack, warmer Alkohol, kräftige Säure und weiche Tannine. Ein Wein, der Zeit braucht.

Wein vom Kultur-Weingut

Der burgähnliche Weiler, in seiner Grundsubstanz (mit romanischer Kirche und sehenswerten Fresken) über 900 Jahre alt, wurde 1973 von dem römischen

Kunsthändler Cesare Canessa und seiner deutschen Frau Kathrin, Mitglied der Düsseldorfer Henkel-Familie, gekauft und mit großem Aufwand restauriert. Das gilt gleichermaßen für das prachtvolle Anwesen wie für das Weingut, das unter deutscher Leitung steht. Um die Produktion, das heißt ums Weinmachen, kümmert sich Dr. Stefan Giessen, beraten von dem toskanischen Önologen Maurizio Castelli. Für Verwaltung und Vertrieb, für den geschäftlichen Erfolg also, ist der gelernte Mathematiker und Physiker Peter Volkmer zuständig. Bei der Weinerzeugung geht das Gut, abgesehen vom in Barriques ausgebauten Cetinaia, traditionelle Wege. Man setzt auf Sangiovese. Der Chianti Classico wie auch die Chianti Classico Riserva werden in Großfässern aus slawonischer Eiche ausgebaut. Das Sortiment wird abgerundet durch den einfachen Castelpolo, der immerhin auch bis zu 18 Monate im Faß reift, den trockenen Sangiovese-Rosé Rosa dell'erta und den weißen Bianco dell'erta.

Der resoluten Eigentümerin Kathrin Canessa ist es zu verdanken, daß sich San Polo in Rosso zu einem kulturellen Zentrum der mittleren Toskana entwickelt hat. Die beiden vielbeachteten Sommerkonzerte in der alten Kirche des Anwesens wer den nicht nur von Einheimischen besucht. Außerdem ist das Weingut eine Begegnungsstätte junger Künstler. Auf San Polo in Rosso versammeln sich einmal im Jahr bedeutende Nachwuchsmusiker aus aller Welt. Sie finden neben Ruhe und Abgeschiedenheit auch alle technischen Möglichkeiten vor, darunter ein modernes Tonstudio.

Weitere Produkte

Olivenöl extravergine, Grappa di San Polo.

Besonderheiten

Komfortable, stilvoll eingerichtete Ferienwohnungen in alten Bauernhäusern. Empfehlenswertes Restaurant „Da Gioanetto" in Paggio San Polo, 500 Meter vom Weingut entfernt.

San Felice

Besitzer: Agrel S.p.A.
Loc. San Felice, Frazione San Gusmè, 53019 Castelnuovo Berardenga
Tel. 0577/35 90 87 und 35 90 88; Besuch vorher anmelden

Gesamtqualität: ★★
Rebfläche: 200 ha
Jährliche Abfüllung: 2 Mio.
Preisniveau: 1–4

Der Spitzenwein

Vigorello★★

Andere Weine

Chianti Classico Poggio Rosso Riserva★★★
Chianti Classico Il Grigio Riserva★★
Chianti Classico★★
Chardonnay★ (weiß)
Vin Santo★

Ausbau des Spitzenweins

Der Vigorello reift nach den Gärungsprozessen mindestens acht Monate in Barriques.

Stil des Spitzenweins

Der Verschnitt aus 85 Prozent Sangiovese und 15 Prozent Cabernet Sauvignon ist das Spitzenprodukt des Hauses, obwohl San Felice noch andere erstklassige Weine zu bieten hat. Der Vigorello wird getragen von einem delikaten Aroma (schwarze Früchte und Rösttöne) und einem hochkonzentrierten, weichen Geschmack, den die samtigen Tannine noch abrunden.

Ein Riese wird ganz fein

San Felice ist eines der größten Weingüter im Chianti Classico. Es

gehört einer Mailänder Versicherung, die außerdem Besitzungen in Montalcino hat, wo Brunello erzeugt wird.
Vielleicht trifft der Begriff „Weingut“ nicht präzise zu. Im Fall von San Felice werde gleich ein ganzes Dorf restauriert und zu neuem Leben erweckt. Im südlichem Chianti Classico ist ein richtiggehendes Zentrum des Genusses entstanden.
Hausönologe Leonardo Bellaccini legt trotz der Größe des Betriebes Wert auf höchste Qualität, ein Vorhaben, das ihm Jahrgang für Jahrgang auch immer wieder gelingt. Den Vigorello als einzigen Spitzenwein von San Felice zu bezeichnen, wäre jedoch falsch. Mindestens genauso groß gerät der Chianti Classico Poggio Rosso Riserva, ein ausgewogener, eleganter, ja subtiler Wein, der bei Blindverkostungen höchste Weihen erzielen durfte. In großen Jahren stellt er sogar den Vigorello in den Schatten.
Ähnlich verhält es sich mit dem Chianti Classico Il Grigio Riserva und mit dem einfachen Chianti Classico, der zu den zehn Top-Weinen seiner Klasse gehört.
Und weil Leonardo Bellaccini auch in die Zukunft blickt, beschäftigt man sich auf San Felice mit neuen Klonen autochthoner Sorten.

Weiteres Produkt

Olivenöl extravergine.

Besonderheiten

Erstklassige Übernachtungsmöglichkeiten im Châteaux- und Relais-Anwesen Borgo San Felice Hotel mit Pool und Tennisplätzen, Tel. 0577/35 92 60.
Daneben können Weinproben mit Imbiß sowie Mittag- und Abendessen für maximal 50 Personen verabredet werden.

San Giusto a Rentennano

Besitzer: Familie Martini di Cigala
Leitung: Francesco und Luca Martini di Cigala
Loc. Monti in Chianti, 53010 Gaiole in Chianti, Tel. 0577/74 71 21
Besuch vorher anmelden

Gesamtqualität: ★★★
Rebfläche: 32 ha
Jährliche Abfüllung:
ca. 150.000
Preisniveau: 3–5

Der Spitzenwein

Percarlo★★★

Andere Weine

Chianti Classico★★★
Chianti Classico Riserva★★★
Merlot★
Numeroundici★ (Rosato)
Vin Santo★★★

Ausbau des Spitzenweins

Reift bis zu 24 Monaten in Barriques.

Stil des Spitzenweins

Der reinsortige Sangiovese ist ein wuchtiges Gewächs, das zu den großen Tafelweinen der Toskana, den sog. Super Tuscans, zu zählen ist. Überwältigend könnte man ihn nennen. Opulentes Bouquet von hochkonzentrierten Früchten und milden Röstaromen, ein Geschmack, der den ganzen Mund ausfüllt, und ein überlanges Finish, denn schließlich hat der Wein 14% Volumenalkohol. Der amerikanische Weinpapst Robert M. Parker, Jr., der solche kraftvollen Gewächse immer geliebt hat und daraus kein Hehl macht, hätte seine helle Freude an diesem Tropfen.

Die Kraftprotze von San Giusto

Angeblich geht die Geschichte des mittelalterlichen Castellos, eines malerischen Landsitzes mit riesigem Park und Etruskervasen vor dem Eingang, bis ins 3. Jahrhundert n. Chr. zurück. Zunächst diente das Anwesen als Kloster, später als Festung der Ricasoli. Die heutigen Besitzer Francesco und Luca Martini di Cigala stammen mütterlicherseits von den Ricasoli-Firidolfi ab, väterlicherseits von einer Familie von Marmorbruchbesitzern in Carrara. Leonardo brachte in den 80er Jahren mit einem Kraftakt ohnegleichen das etwas heruntergekommene Gut wieder in Schwung. Qualität war seine Devise, und damit lag er vollkommen richtig. Mit seinem Önologen Maurizio Castelli kreierte er 1983 den ersten Jahrgang des wuchtigen Percarlo, für den er in Frankreich neue Barriques anschaffte. Diese Art, opulente Weine zu machen, beeinflußte auch den Chianti Classico Riserva von San Giusto. Die Riserva wird zum Teil ebenfalls in Barriques ausgebaut.

Auch der „normale“ Chianti Classico von San Giusto düfte einer besten der gesamten Appellation sein – vor allem beim Jahrgang 1997: ein fruchtig-fleischiger Roter mit Nuancen von Schokolade, Kaffee, Pflaumen und sanften Tanninen. Ganz wichtig sind hier die Außenarbeiten, für die Bruder Luca Martini di Cogala verantwortlich ist. Verwendet wird nur erstklassiges, vollreifes und gesundes Lesegut mit hohem natürlichen Zuckergehalt. Es reift in relativ niedrigen Weinbergen auf einer Höhe von unter 300 Meter und ist meist großer Sommerhitze ausgesetzt. Das verleiht den Weinen Kraft, Substanz und einen hohen Alkoholanteil. Unbedingt probieren sollte man den erstklassigen Vin Santo, vornehmlich aus Malvasia-Trauben, der neben barocker Kraft auch Verspieltheit und Eleganz besitzt.

Weitere Produkte

Olivenöl extravergine, Grappa.

Fattoria Terrabianca

Besitzer: Roberto Guldener
Loc. Fedele a Paterno, 53017 Radda in Chianti, Tel. 0577/73 85 44
Besuch vorher anmelden, Verkauf im eigenen Laden;
Fremdsprachen: Deutsch, Englisch, Französisch

Gesamtqualität: ★★
Rebfläche: 50 ha
Jährliche Abfüllung: 100.000
Preisniveau: 2–5

Der Spitzenwein

Campaccio★★

Andere Weine

Vigna della Croce
Chianti Classico Riserva★★
Piano del Cipresso★★
Chianti Classico★★
Piano della Capella★ (weiß)
Il Fior di Fino★ (weiß)

Ausbau des Spitzenweins

Die Paradecuvée des Hauses wird nach der Gärung in Barriques ausgebaut. Danach 12 Monate Flaschenlager.

Stil des Spitzenweins

Eleganter Verschnitt von Sangiovese (70 Prozent) und Cabernet Sauvignon (30 Prozent). Der Wein wirkt nicht allzu schwer und mächtig und hat ein intensives Fruchtaroma, das sich sehr schön mit den Holznoten verbindet. Im Geschmack weich mit sanften Tanninen.

Drei Top-Weine konkurrieren miteinander

Das bäuerliche, geschmackvoll restaurierte Anwesen aus dem 17. Jahrhundert befindet sich seit 1987 im Besitz der Familie Guldener, die von Anfang an Wert auf Qualitätsweinbau legte. Entsprechend hoch waren die Investitionen in Weinberge und Keller. Neue Reben mit besseren Klonen wurden angepflanzt, moderne Gäranlagen aus Edelstahl angeschafft, ein Barrique-Keller errichtet. Das große Kapital von Terrabianca, einem Gut, das mittlerweile zur ersten Garde der Erzeuger im Chianti Classico gehört, sind die Weingärten, die sich überwiegend an Südhängen auf ca. 250 bis 500 Meter Höhe befinden. Die Hauptrebsorte ist Sangiovese. Der Spitzencuvée Campaccio erhält Konkurrenz durch den brillanten Chianti Classico Riserva Vigna della Croce sowie durch den Piano del Cipresso, einen sortenreinen Sangiovese. In guten Jahren vermögen beide den Campaccio zu übertreffen. Ein Wettstreit zugunsten der Kunden.

Als Roberto Guldener Ende der 80er Jahre in die Toskana kam und das Weingut kaufte, hatte er außer einem guten Geschmack keine weiteren Kenntnisse im Weinbau aufzuweisen. Der Mode-Unternehmer aus Zürich sicherte sich die Beratung des renommierten Önologen Vittorio Fiore, der die Rebanlagen und den Keller erneuern ließ sowie Barriques einführte. Diese Maßnahmen und der schonende Ausbau hatte eine enorme Qualitätsteigerung als

Konsequenz, die sich vor allem auch auf die saftigen Chianti Classico auswirkt, die bei gemeinsamen Verkostungen des Consorzio del Marchio Storico Chianti Classico stets auf der vorderen Rängen zu finden sind.

Ein sympathischer Betrieb, der mit Roberto Guldener und seine Frau Maja zwei kenntnisreiche und charmante Vertreter der Winzer des Chianti Classico hat.

Weiteres Produkt

Olivenöl extravergine.

Besonderheiten

Degustationen im Weingut vorher anmelden.

Valtellina

Besitzer: Valtellina s.r.l.
Geschäftsführer: Dr. Christoph Schneider und Andreas Stössel
Loc. Rietine, 53013 Gaiole in Chianti, Tel. 0577/73 10 05
Besuch vorher anmelden

Gesamtqualität: ★★
Rebfläche: 11 ha
Jährliche Abfüllung: 36.000
Preisniveau: 2–5

Der Spitzenwein

Convivio★★★

Andere Weine

Chianti Classico Riserva★★
Chianti Classico★★

Ausbau des Spitzenweins

Der Paradewein des Gutes reift für 15 bis 18 Monate in Barriques, von denen die Hälfte neue Fässer sind.

Stil des Spitzenweins

Bei der Frage nach dem Spitzenwein des Hauses mußte Valtellina-Geschäftsführer Christoph Schneider zunächst etwas länger überlegen: Ist es nun der Chianti Classico Riserva oder doch der Convivio? Schließlich entschieden wir uns dann für den Convivio, eine Cuvée aus 75 Prozent Sangiovese und 25 Prozent Cabernet Sauvignon. Ein herausragender Wein mit einem großartigen Bouquet von schwarzen Kirschen, Schokolade und einem Hauch Vanille. Die eleganten Geschmacksnoten werden von sanften Tanninen umschmeichelt. Das großes Finish ist voller Saft und Kraft.

Ein Traum und seine Verwirklichung

Dr. Christoph Schneider hat früh angefangen – sowohl mit seiner Karriere als auch mit der Verwirklichung seiner Träume. Mit 23, er war gerade mitten in seiner Doktorarbeit (Volkswirtschaft), baten ihn begüterte Freunde, für sie einen Landsitz in der Toskana zu suchen. Für den Erfolgsfall versprachen sie ihm eine Prämie von 5.000 Mark, ansonsten würde er einen angenehmen Urlaub auf ihre Kosten verbringen. Der damals 23jährige war begeistert und wurde innerhalb weniger Wochen fündig: So wechselte das Weingut Valtellina die Besitzer. Nach einer kurzen Probezeit sagte Christoph Schneider den deutschen Investoren zu, sich die nächsten drei Jahre intensiv um das Anwesen zu kümmern, denn nebenbei könne man so einen Betrieb nicht an die Spitze bringen. Er hat sein Ziel erreicht. Mit viel Glück, Fingerspitzengefühl, Können und Beharrlichkeit. Der junge Mann engagierte den begabten Önologen Vittorio Fiore, und beide hatten als „Einführungsjahrgang" die Superernte von 1990. Das war der erste Sprung. Zielstrebig bauten Schneider und seine kleine Truppe, zu der inzwischen auch der Gutsverwalter Andreas Stössel gehört, das Gut Schritt für Schritt auf. Was Investitionen in den Weinbergen (neue Rebflanzungen mit besten Sangiovese-Klonen, Cabernet Sauvignon und Merlot) und im Keller verlangte.

Mittlerweile hat Valtellina die Spitzengruppe der Erzeuger im Chianti Classico erreicht, nicht zuletzt durch den meisterhaften Einsatz von Barriques. Selbst in heiklen Jahrgängen wie 1991 und 1992 konnte das Valtellina-Team beachtliche Ergebnisse erzielen. Die einfachen Chianti-Classico-Weine gehören zu den besten der Appellation; bei den charaktervollen Spitzengewächsen Chianti Classico Riserva und Convivio ist es sogar gelungen, eine Balance zwischen Weinen von internationalem Anspruch und einem typischen toskanischen Produkt herzustellen. Und ab dem Jahr 2000 präsentiert Valtellina Il Duca di Montechicciolo, einen reinsortigen Merlot, ebenfalls aus dem Barrique. Dr. Christoph Schneider ist jetzt Miteigentümer, im Hauptberuf aber Verlagsmanager in München, der, so sagt man in der Toskana, nördlichsten Stadt Italiens.

Weitere Produkte

Olivenöl extravergine, Grappa.

Besonderheiten

Weingut mit Agriturismo. Das Wohnhaus kann wochenweise mietet werden.

Tenuta Vecchie Terre di Montefili

Besitzer: Familie Acuti
Via San Cresci 57, 50022 Panzano in Chianti, Tel. 055/85 37 39
Kein Verkauf ab Gut; bei den Enotheken von Panzano nachfragen

Gesamtqualität: ★★
Rebfläche: 10,5 ha
Jährliche Abfüllung: 60.000
Preisniveau: 2–5

Die Spitzenweine

Anfiteatro★★
Bruno di Rocca★★

Andere Weine

Chianti Classico★★
Vigna Regis★★ (weiß)

Ausbau der Spitzenweine

Der Anfiteatro wie auch der Bruno di Rocca reifen 14 Monate in französischen Barriques. Anschließend folgt ein Flaschenlager von zwölf Monaten.

Stil der Spitzenweine

Der Anfiteatro ist ein ausgesuchter Chianti Classico Riserva, ein exzeptioneller Wein mit köstlich süßem Bouquet und dem Aroma von eingelegten Pflaumen, Honig, Marzipan und etwas Vanille. Zarter Schmelz im Geschmack, angenehme Tannine und sanftes Finish.
Der Bruno di Rocca ist ein erstklassiger Tafelwein aus Sangiovese und Cabernet Sauvignon mit einem vielschichtigen Bouquet und dem Aroma von schwarzen Beeren, aber auch Mokka- und Kirschtönen. Dezente Röstaro-

men. Braucht Zeit und hat ein entsprechendes Reifepotential.

Eine versteckte Perle des Chianti Classico

Das Gut ist nicht leicht zu finden. Von Panzano geht's Richtung Mercatale Val di Pesa und dann quer durch die „Prärie". Besitzer Roccaldo Acuti, ein Textilfabrikant aus Prato, legt Wert von Ruhe und Abgeschiedenheit, deswegen verkauft er auch keinen Wein ab Gut an Privatleute. Mit seiner Frau Maria und Kellermeister Tommaso Paglione genießt er seine Freizeit und die Wochenenden auf dem prächtig restaurierten Gut, das für seine exzellenten Weine mittlerweile weit über die Grenzen des Chianti-Gebiets bekannt sind.

Acutis Weinberge liegen überdurchschnittlich hoch – etwa 480 Meter. Die Reben wachsen überwiegend auf Galestroböden. Sein Streben nach Qualität ist ebenso unprätentiös wie seine Sortimentsliste. Vecchie Terre di Montefili bietet vier ausgezeichnete Gewächse an: die beiden Spitzenweine sowie einen erstklassigen Chianti Classico, der zehn bis zwölf Monate im großen Eichenholzfaß reift und anschließend noch einige Monate auf der Flasche. Auch hier lassen die knackigen Tannine auf eine gute Alterungsfähigkeit schließen. Eine kleine Kostbarkeit ist die Weißwein-Cuvée Vigna Regis

aus 80 Prozent Chardonnay, 15 Prozent Sauvignon Blanc, 5 Prozent Traminer Rosa, ein sehr eleganter, duftiger Wein, der sechs Monate lang im Barrique ausgebaut wurde.

Besonderheiten

Direktverkauf nein – aber Weinproben mit dem Kellermeister sind möglich. Auch Mittag- und Abendessen für ca. 10 Personen. Rechtzeitig anmelden.

TENUTA VICCHIOMAGGIO

Besitzer: John Matta
Via Vicchiomaggio 4, 50022 Greve in Chianti, Tel. 055/85 40 79
Das Castello ist das ganze Jahr über geöffnet, Programme sind telefonisch zu erfragen

Gesamtqualität: ★★
Rebfläche: 24 ha
Jährliche Abfüllung: 100.000
Preisniveau: 2–4

Der Spitzenwein

Ripa delle More★★

Andere Weine

Ripa delle Mandorle★★
Chianti Classico Riserva
La Prima Vigna★★
Chianti Classico Riserva
Petri★★
Chianti Classico San Jacopo★
Ripa delle Mimose★ (weiß)

Ausbau des Spitzenweins

Der Ripa delle More reift bis zu 18 Monate in Barriques aus Allier-Eiche.

Stil des Spitzenweins

Ein vielfach preisgekrönter Tropfen aus Sangiovese. Intensive Fruchtnase mit abrundenden Würztönen, im Geschmack praller Körper und deutliches Aroma von Weichselkirschen, kräftiges Tannin.

Ein Engländer auf dem Fürstensitz

Die Ursprünge des Castello gehen auf die Lamgobarden im 10. Jahrhundert zurück. Sein heutiges Aussehen erwarb sich das Schloß in der Renaissancezeit, als es

eine florentinische Festungsanlage in den Kriegen mit Siena war. Der Name erinnert noch an die Maifeiern des Florentiner Adels, die seinerzeit auf dem Castello zelebriert wurden (*maggio* = Mai). 1966 kaufte der Engländer John Matta das Anwesen. Der studierte Önologe (Diplom an der Weinbauschule von Alba) legte im Laufe der Zeit die Weinberge neu an und modernisierte den Keller.

John Matta steht sowohl für traditionellen Toskana-Wein, sprich Chianti Classico, wie auch für Gewächse internationalen Formats wie die Tafelweine Ripa delle More und den weicheren Ripa delle Mandorle (Sangiovese mit etwas Cabernet Sauvignon). Zu diesen Weinen gehört auch der weiße Ripa delle Mimose, ein Chardonnay.

Die traditionellen Gewächse stehen den Tafelweinen kaum nach, und in guten Jahrgängen sind sie in der Spitzengruppe der Chianti-Classico Erzeuger vertreten, vor allem die körperreiche Riserva Petri, die bis zu drei Jahre lang im traditionellen Eichenholzfaß ausgebaut wird. Oder die Riserva La Prima Vigna, die von den ältesten Rebstöcken des Betriebs erzeugt wird. Der (rare) Wein kommt zur Reifung teils in Großfässer aus slawonischer Eiche, teils in französische Barriques.

Weitere Produkte

Olivenöl extravergine, Grappa.

Besonderheiten

Zum Castello gehört ein Restaurant mit drei historischen Sälen und toskanischer Küche. Außerdem hat Vicchiomaggio ein festes Programm von Veranstaltungen z.B. Kellerführungen, Weinproben, Büffets im Garten, Kochkurse oder Vorträge über mittelalterliche Ballettkunst. Vermietung von Ferienwohnungen.

Castello di Volpaia

Besitzer: Giovannella Stianti Mascheroni
Loc. Volpaia, Piazza della Cisterna 1, 53017 Radda in Chianti
Tel. 0577/73 80 66; Besuch vorher anmelden

Gesamtqualität: ★★
Rebfläche: 40 ha
Jährliche Abfüllung: 220.000
Preisniveau: 2–4

Der Spitzenwein

Coltassala★★

Andere Weine

Balifico★★
Chianti Classico Riserva★★
Chianti Classico★
Torniello★ (weiß)
Bianco Val d'Arbia (weiß)
Vin Santo★

Ausbau des Spitzenweins

Der Coltassala, Spitzenwein des Hauses, reift bis zu 14 Monate in Barriques aus französischer Allier-Eiche.

Stil des Spitzenweins

Ein Tafelwein auf hohem Niveau, ein sogenannter Super Tuscan aus Sangiovese und ein wenig Mammolo. Die ausgelesenen Trauben stammen von den besten Lagen, aus denen insgesamt nur 35 Hektoliter Wein pro Hektar erzeugt werden. Farbe des Weins: dunkles Rubin mit Granaträndern. Die Nase ist geprägt von saftiger Kirschfrucht mit Anklang an Pflaume und Röstaromen mit etwas Vanille. Geschmack: feine Frucht mit Noten von Kaffee und Schokolade; gut eingearbeitete Tannine.

Qualität aus hohen Lagen

Ein Schmuckstück: restaurierte Häuser, eine Kirche – Castello di Volpaia ist ein beeindruckendes mittelalterliches Anwesen. Das renommierte Weingut wird von der Kunstmäzenin Giovannella Stianti Mascheroni und ihrem Mann Carlo geführt. Ihnen zur Seite steht ein önologisches Team, an der Spitze Maurizio Castelli.

Das Besondere an diesem Betrieb sind die hochgelegenen Weinberge, die bis in eine Höhe von 600 Meter wachsen. Die Weine sind kraftvoll, aber auch elegant, zum Teil sogar filigran. Die beiden Spitzencuvées Coltassala und Balifico werden in Barriques ausgebaut. Das traditionelle Programm von Volpaia, die Chianti-Classico-Weine, sind ein weiteres Schmuckstück des Betriebs: Sowohl die einfache Annata als auch die Riserva überraschen immer wieder durch ihre ausgeglichene Fruchtigkeit, hinter der sich allerdings meist ein großes Volumen verbirgt.

Interessant ist auch der weiße Torniollo (Sauvignon Blanc und Semillon) sowie der vorzügliche Vin Santo.

Weitere Produkte

Olivenöl extravergine, Weinessig und aromatisierter Essig, Honig.

Besonderheiten

Pittoreskes Patronatsfest zu Ehren von San Lorenzo, dem Ortsheiligen, am 10. August.

Sieben komfortable Agriturismo-Ferienwohnungen zu vermieten. Daneben werden organisierte Weinproben (für 50 bis 60 Personen) sowie Mittag- und Abendessen (für maximal 50 Personen) angeboten. Voranmeldung ist obligatorisch.

MONTALCINO

Azienda Ag. Altesino

Besitzer: Giulio Consommo, Altesino s.r.l., Mailand
Loc. Altesino, 53028 Torrenieri di Montalcino, Tel. 0577/80 62 08
Besuch vorher anmelden

Gesamtqualität: ★★
Rebfläche: 30 ha
Jährliche Abfüllung: 120.000
Preisniveau: 2–6

Die Spitzenweine

Brunello di Montalcino Riserva★★★
Brunello di Montalcino Montosoli★★
Alte d'Altesi★★
Borgo d'Altesi★★
Palazzo Altesi★★
Quarto d'Altesi★★
Ambro d'Altesi★ (weiß)

Andere Weine

Vino Rosso di Altesino★
Rosso di Montalcino
Brunello di Montalcino★
Bianco di Montosoli (weiß)
Chardonnay (weiß)

Ausbau der Spitzenweine

Der Brunello Riserva sowie der Lagen-Brunello Montosoli werden nach der Gärung in traditionellen Holzfässern aus slowenischer Eiche ausgebaut. Die Cuvées – Palazzo Altesi, Alte d'Altesi, Borgo d'Altesi und Quarto d'Altesi – kommen bis zu 24 Monate in Barrique-Fässer, die in einem klimatisierten Faßraum gelagert werden.

Stil der Spitzenweine

Beide Weine, die Riserva wie auch der Montosoli, haben ein

intensives Beerenbouquet mit einem identischen Duft nach Veilchen und Vanille: zwei geschmeidige Weine, von denen der Montosoli mehr Rasse schmekken läßt. Der sortenreine Sangiovese Palazzo Altesi wurde im kleinen Eichenfaß gelagert, was seiner Struktur (Beerenfrüchte, weiche Tannine) gut bekommen ist. Der Borgo d'Altesi wurde aus Cabernet-Sauvignon-Trauben gekeltert und in Barriques ausgebaut: ein charaktervoller Wein mit einem moderaten Tanningerüst. Reinsortig ist auch der duftige, raffiniert feminine Quarto d'Altesi (Barrique) aus Merlot-Trauben. Die Altesino-Spitzencuvée ist der Alte d'Altesi aus 70 Prozent Sangiovese und 30 Prozent Cabernet Sauvignon: ein harmonischer Super Tuscan mit einer satten Balance von Frucht und Tanninen. Zu den Spitzenprodukten des Hauses zählt auch der weiße Ambro d'Altesi, ein tiefgelber Moscadello mit goldenen Reflexen und einem hinreißenden Bouquet, das u.a. an Akazienhonig erinnert. Dieser Wein hat Power, was Frucht betrifft – und Alkohol: bis zu 14,5 Prozent.

Das Ambiente von Altesino: edler Brunello – und Araber

Altesino ist eines der charaktervollsten Weingüter im nördlichen Montalcino. Das einsam auf einem Hügel gelegene Anwesen erinnert mit seiner schlichten Ästhetik an die perfekte Harmonie antiker Komplexe, die wie ein Naturelement aus der Landschaft zu wachsen scheinen. Über den Kellern erhebt sich der Palazzo Altesi, mit dessen Bau 1414 begonnen wurde. Zu diesem aristokratischen Ambiente paßt hervorragend, daß auf Altesino auch Araberpferde gezüchtet werden.

Anfang der 70er Jahre erwarb der vermögende Mailänder Geschäftsmann Giulio Consommo den Besitz, der mittlerweile rund 30 Hektar Rebfläche umfaßt. Seit dieser Zeit haben Gutsdirektor Claudio Basla und (der frei arbeitende) Önologe Pietro Rivella für stets steigende Qualität gesorgt. Der Schwerpunkt von Altesino liegt nach wie vor bei der Erzeugung von kraftvollen Brunello-Weinen aus der autochthonen Sangiovese-Grosso-Traube, wie sie z.B. im exklusiven Weinberg Montosoli wächst. Dort steht – ähnlich wie auf dem weltberühmten Bordelaiser Château Pétrus – ein Rosenstock am Ende jeder Rebzeile, um der Arbeit im Feld den ihr gebührenden Respekt zu erweisen, wie es in einer Selbstdarstellung von Altesino heißt. Schöner kann man die Arbeit des Winzers kaum beschreiben.

Weitere Produkte

Olivenöl extravergine, Grappa di Brunello, Grappa Riserva.

Tenuta di Argiano

Besitzer: Noemi Cinzano
Loc. Sant'Angelo in Colle 54, 53020 Montalcino, Tel. 0577/84 40 37
Besuch nach Anmeldung, kein Direktverkauf

Gesamtqualität: ★★
Rebfläche: 30 ha
Jährliche Abfüllung: 130.000
Preisniveau: 3–6

Die Spitzenweine

Brunello di Montalcino
Riserva★★★
Solengo★★

Andere Weine

Brunello di Montalcino★
Rosso di Montalcino

Ausbau der Spitzenweine

Der Brunello Riserva wie der Solengo werden in kleinen Gebinden, d.h. in französischen Barriques, ausgebaut.

Stil der Spitzenweine

Der Brunello di Montalcino Riserva von Argiano gehört ganz sicher zu den Spitzen-Brunelli: Im Glas funkelt sattes, tiefes Rubin; das Bouquet ist delikat und tiefgründig (rote Beeren, Vanille sowie Röstaromen), und satte, saftige Frucht, gepaart mit sanften Tanninen, schmeichelt dem Gaumen.
Der Solengo gehört zu den interessantesten Cuvées der Toskana: ein Zusammenspiel von Sangiovese, Cabernet Sauvignon, Merlot und Syrah. Die Farbe: tiefes Violett; das Bouquet: Duft von Waldbeeren; der Geschmack: herrlich ausgewogene Frucht, sanfte und

nicht pelzige Säure, langer Nachhall. Ein Super Tuscan, der diesen Namen wirklich verdient.

... und dann kam Dottor Tachis

Argiano, das historische Weingut im Süden von Montalcino, war im Besitz vieler reicher Adelsherren. Der Wein, den sie produzierten, war von guter Qualität, denn die Südlagen in 250 Meter Höhe garantierten für die Trauben sowohl Tageshitze als auch Abkühlung in der Nacht. Und in den kühlen Kellern unter der Renaissance-Villa Bellaria aus dem 16. Jahrhundert konnten die Weine ungestört reifen. Die guten Lagen sind noch immer vorhanden, die historischen Kellergewölbe ebenso – und dennoch sind die Weine von Argiano besser als je zuvor. Was auch am letzten Besitzerwechsel liegen mag, denn 1980, nach der Heirat seines Sohnes mit einer Cinzano, verkaufte der Graf Lovatelli das Weingut an die Familie Cinzano.
Die Cinzanos wiederum kamen 1990 auf die geniale Idee, für ihr Gut den legendären Önologen Dottor Giacomo Tachis zu engagieren, der jahrzehntelang bei Antinori gearbeitet, u.a. den Sassicaia mit aus der Taufe gehoben hatte und gewissermaßen den Weinbau in der Toskana revolutioniert hatte. Als Gutsverwalter kam Sebastiano Rosa, Stiefsohn des Nicolò Incisa della Rocchetta, Besitzer der Tenuta San Guido, wo eben jener sagenumwobene Sassicaia erzeugt wird. Damit war klar: Argiano würde über kurz oder lang ebenfalls mit einem Super Tuscan auf den Markt kommen. Zuerst aber machte man sich daran, den Brunello zu verbessern, denn Argiano war eines der ersten Güter, die es gewagt hatten diesen Wein ins französische Barrique zu legen, damals noch ein Sakrileg. Sassicaia-Erfinder Giacomo Tachis war es dann auch, der die Cuvée Solengo auf den Weg brachte. Der erste Jahrgang, 1995, ließ die Weinwelt aufhorchen, der zweite, 1996, brachte sie zum Jubeln. Auf die weitere Entwicklung von Argiano darf man gespannt sein.

Weiteres Produkt

Olivenöl extravergine.

Castello Banfi

Besitzer: Banfi Spa
Castello di Poggio alle Mura, 53024 Montalcino, Tel. 0577/84 01 11
Enoteca täglich 10–19 Uhr geöffnet, im Winter 10–18 Uhr

Gesamtqualität: ★★
Rebfläche: Toskana: 603 ha
Italien: insgesamt ca. 800 ha
Jährliche Abfüllung: 6 Mio.
Preisniveau: 1–6

Die Spitzenweine

Brunello di Montalcino Riserva Poggio all'Oro★★
Summus★★

Andere Weine

Rosso di Montalcino★
Mandrielle Merlot★
Escelsus★★
Sant'Antimo Rosso Centine
Tavernelle★★
Chardonnay Fontanelle★★ (weiß)
Moscadello di Montalcino★ (weiß)
Toscana Fumaio (weiß)

Ausbau der Spitzenweine

Nach Gärung und biologischem Säureabbau in Edelstahltanks kommen sowohl der Brunello als auch der Summus bis zu zwanzig Monate in Barriques.

Stil der Spitzenweine

Leuchtendes Rubin mit einem würzigen Bouquet (Holz, Kaffee, schwarze Früchte). Im Geschmack treten deutlich Cassistöne auf, verbunden mit einem Hauch Bitterschokolade. Voller, runder Körper mit langem, sanftem Nachhall.
Der Summus ist derzeit der Star des Hauses, eine gelungene Cu-

vée aus den besten roten Trauben des Weinguts (Sangiovese, Cabernet Sauvignon und Syrah).

Zwei Amerikaner in Montalcino

Die Geschichte, wie dieses Weingut zu seinem Namen kam, ist ebenso ungewöhnlich wie die Entstehung des Betriebs selbst. Castello Banfi, so heißt es in der Firmenchronik, sei nach Teodolinda Banfi benannt, der ehemaligen Haushaltsvorsteherin von Papst Pius XI. Als Weinkennerin war sie für ihren außergewöhnlichen Geschmackssinn bekannt. Sie teilte ihre Kenntnisse mit ihrem jungen Neffen, Giovanni F. Mariani, der den Einfluß seiner Tante später würdigte, indem er sein Weinunternehmen nach ihr benannte.

Aus Giovanni F. Mariani ist mittlerweile John F. Mariani geworden, ein aus Italien stammender Amerikaner, der sich aufgemacht hatte, die Weinwelt zu revolutionieren. Zumindest in der Toskana ist es ihm gelungen. John und sein jüngerer Bruder Harry hatten mit dem Import des Weißweins Romani und von Lambrusco in die USA ein Riesengeschäft gemacht. Auch Brunello gehört zur Produktpalette des erfolgreichen Handelsunternehmens. Da die Brüder und ihr Chefönologe Dr. Ezio Rivella von der Qualität des toskanischen Rotweins oft nicht überzeugt waren, beschlossen sie, ihr eigenes Weingut aufzubauen. Laut Firmenmitteilung hat John F. Mariani über 100 Millionen Dollar in das Projekt Banfi gesteckt. Die Brüder erwarben das Castello di Poggio alle Mura und pflanzten endlose Weinberge: Auf 603 Hektar Rebfläche findet man Sangiovese, aber auch Cabernet Sauvignon, Pinot Nero, Merlot, Syrah, Gamay, Chardonnay, Moscato, Pinot Grigio und Sauvignon Blanc. Genauso beherzt gingen die Mariani auch an die Ausstattung der Kellerei. Sie investierten in neueste Technologie und teure französische Barriques. Daneben wachsen auf weiteren 110 Hektar Olivenbäume und auf 90 Hektar werden Pflaumen kultiviert.

Weitere Produkte

Olivenöl extravergine, Grappa, Aquavite di prugne (Pflaumenschnaps), Balsamessig, Trockenpflaumen, Spumante (Schaumweine).

Besonderheiten

Eigenes Restaurant im historischen Bankettsaal von Castello Poggio alle Mura, Tel. 0577/81 60 21; Cantine Aperte – Tag der offenen Tür – an einem Wochenende im Mai: Besuche und Verkostungen im Weingut.

Fattoria dei Barbi

Besitzer: Francesca Colombini Cinelli
Loc. Podernovi – Barbi, 53024 Montalcino, Tel. 0577/84 82 77
Besuch und Verkauf: Mo–Fr 9.30–13 Uhr, am Wochenende 14.30–18 Uhr

Gesamtqualität: ★
Rebfläche: 69 ha
Jährliche Abfüllung: 400.000
Preisniveau: 1–4

Der Spitzenwein

Brunello di Montalcino Riserva Vigna del Fiore★★

Andere Weine

Brunello di Montalcino★
Brigante dei Barbi★
Rosso di Montalcino★
Chianti Colli Senesi
Brusco dei Barbi
Rosso dei Barbi
Rosato dei Barbi
Bianco dei Barbi (weiß)
Vinsanto dei Barbi★ (weiß)

Ausbau des Spitzenweins

Der Brunello Vigna del Fiore wurde gemäß der alten Bestimmungen drei Jahre lang in großen Gebinden aus slawonischer Eiche ausgebaut; danach ein Jahr Flaschenlager.

Stil des Spitzenweins

Glänzendes Rubinrot mit Granatreflexen. In der Nase mineralische Noten und etwas Süßholz. Vollmundige Frucht (Kirsche) und ausgewogene Tannine. Ein klassischer Brunello.

Ferien auf dem Weingut

Die Familie Colombini besitzt seit 1352 Ländereien in Montal-

cino und ist seit 1790 Eigentümerin der Fattoria dei Barbi. Sie stammt ursprünglich aus Siena, wo einer der Vorfahren – Giovanni Colombini – im 14. Jahrhundert einen Orden gegründet hatte und später seliggesprochen wurde.
Seit 1976 ist Francesca Colombini Cinelli für die Leitung von dei Barbi verantwortlich: Sie ist die Grande Dame des Montalcino. Ihr zur Seite steht der bekannte Önologe Luigino Casagrande. Das romantische Anwesen südlich von Montalcino ist nicht nur eines der historischen Zentren des Weinbaus in dieser Region, sondern entwickelte sich auch zu einem Zentrum des Agriturismo, das heißt, man kann auf dem Gut seine Ferien verbringen. Und man kann Ferien kaum stilvoller verleben als auf der Fattoria dei Barbi.
In önologischer Hinsicht haben Weinmacher Casagrande und Stefano Cinelli Colombini einiges bewirkt. Seit 1994 gibt es den Brigante, eine Cuvée aus Sangiovese- und Merlottrauben, die getrennt vergoren und dann zusammen sechs Monate lang in mittelgroßen Fässern aus slawonischer Eiche gelagert werden. Ein runder, eleganter Wein von dunkler, rubinroter Farbe. Paßt wunderbar zu einem toskanischen Schmortopf, wie er z.B. in der Taverne des Gutes serviert wird.

Weitere Produkte
Olivenöl extravergine, Grappa dei Barbi, Grappa di Brunello, Grappa Riserva. Hausgemachte toskanische Salami, Schinken und Pastete. Pecorino-Käse verschiedener Reifestufen.

Besonderheiten
Zum Weingut gehört die sehenswerte Taverna dei Barbi mit riesigem offenem Kamin, ein Restaurant mit toskanischer Traditionsküche und den Weinen des Hauses. Tel. 0577/84 93 57.
Die Fattoria vermietet stilvolle Ferienapartments im romantischen Ambiente des Weinguts.

BIONDI-SANTI

Besitzer: Franco Biondi-Santi
Loc. Greppo, 53024 Montalcino, Tel. 0577/84 71 21
Besuch nach Anmeldung möglich

Der Spitzenwein

Brunello di Montalcino Poggio Salvi Riserva★★

Andere Weine

Brunello di Montalcino★★
Sassoalloro★★
Lavischio★★
Schidione★★

Ausbau des Spitzenweins

Der Spitzen-Brunello Poggio Salvi Riserva wird drei Jahre im Eichenfaß ausgebaut und kommt anschließend mindestens zwölf Monate ins Flaschenlager.

Stil des Spitzenweins

Die Farbe dieses klassischen Brunello leuchtet wunderbar granatrot. Delikates Pflaumenaroma und kräftige Tannine. Würziger Nachhall.

Die „Erfinder" des Brunello

Die Familie Biondi Santi besitzt seit dem 18. Jahrhundert das Weingut Il Greppo. Zu dieser Zeit war allerdings ein Weißwein für diesen Teil der Toskana typisch: der Moscato, ein würziger Weißer. Die Biondi-Santi setzten aber auf Rotweinreben. Man kann durchaus behaupten, daß sie den Rot-

Gesamtqualität: ★★
Rebfläche: 19 ha
Jährliche Abfüllung: 80.000
Preisnveau: 3–6

wein dieser Region weltberühmt gemacht hat. Bereits 1865 wurde Clemente Santi für einen Wein ausgezeichnet, dem er damals die Bezeichnung Brunello gegeben hatte. Und sein Enkel Ferruccio Biondi-Santi stellte 1888 einen superben Rotwein aus Sangiovese-Trauben unter dem Namen Brunello vor.

Ferruccio war freilich kein Zauberkünstler, der schlagartig erstklassige Weine schuf. Erst durch seine strengen Qualitätsansprüche wurde der Brunello ein außergewöhnliches, langlebiges Produkt.

Diese Richtlinien sind der Familie noch heute heilig: Die reduzierten Erntemengen dürfen nur von Rebstöcken stammen, die mindestens zwölf Jahre alt sind. Bei einer Riserva kommen die Früchte teilweise sogar aus Anlagen, die bis zu 45 Jahre alt sind. Das vollreife Lesegut muß gesund sein und aus den besten Lagen stammen. Der vergorene Wein wird mindestens drei Jahre im Eichenfaß ausgebaut. Und in schlechten Jahren wird überhaupt kein Brunello produziert. Biondi-Santi ging mit seinem Markenwein sorgfältig um – und machte ihn zu einem raren Produkt. Zwischen 1888 und 1945 wurden nur vier Brunello-Jahrgänge erzeugt: 1888, 1891, 1925 und 1945.

Heute setzen Franco und Jacopo Biondi-Santi die Tradition dieses fast schon legendären Guts fort, auch mit Weinen, die früh trinkreif sind und nicht, wie der klassische Brunello, etliche Jahre im Keller lagern müssen. Der weiche Merlot Lavischio ist so ein Wein, oder der Sassoalloro, ein körperreicher Sangiovese mit überraschend weichen Tanninen. Die „Erfinder" des Brunello setzen nach wie vor auf die traditionelle Art dieses Weins, der sich bis jetzt noch gegen die neue Generation von dunklen, saftigen Brunelli aus dem Barrique behaupten konnte – nicht zuletzt wegen seines guten Namens.

Weiteres Produkt

Olivenöl extravergine.

Camigliano

Besitzer: Gualtiero Ghezzi
Loc. Camigliano, 53024 Montalcino, Tel. 0577/84 40 68
Direktverkauf ab Gut: Mo–Fr 8–12 und 13–17 Uhr, Sa 9–12 Uhr

Gesamtqualität: ★★
Rebfläche: 71 ha
Jährliche Abfüllung: 500.000
Preisnveau: 2–6

Der Spitzenwein

Brunello di Montalcino★★★

Andere Weine

Rosso di Montalcino★★
Chianti Colli Senesi★
Castelvecchio★★
S. Antimo Cabernet★
Bianco delle Crete★ (weiß)
S. Antimo Bianco★ (weiß)
Moscadello★ (weiß)

Ausbau des Spitzenweins

Der Brunello reift nach traditioneller Art dreieinhalb Jahre in großen Fässern aus slowenischer Eiche. Danach etwa ein Jahr Flaschenlager.

Stil des Spitzenweins

Obwohl traditionell ausgebaut, wirkte der Brunello di Montalcino von Camigliano bei der Degustation wie ein Wein moderner Prägung. Sattes, klares Rubin, ein Duft nach wilden Kräutern und Gewürzen, Vanille, Schokolade und aromatisches Holz. Im Geschmack ist eine delikate Kirschfrucht präsent, gepaart mit runden Tanninen. Ein stoffiger, fast schon schmusiger Wein mit einem bemerkenswerten Nachhall.

Ein Stück Mittelalter und ein Kamel

Castello di Camigliano ist ein Traditionsweingut mit einem mittelalterlichen Kern, der in der Zeit zwischen 1250 und 1280 erbaut worden sein dürfte. Tatsächlich ist die Geschichte des Gutes jedoch noch wesentlich älter. Angeblich wurde es bereits im 6. oder 7. Jahrhundert gegründet. In einer Kirchenurkunde von 948 taucht der Name „Camugliano" erstmals auf. Einer anderen Quelle zufolge wurde der Besitz, auf dem von Anfang an Wein und Olivenöl erzeugt wurde, im 12. Jahrhundert von einem Rittergeschlecht namens Camillo gekauft. Einige der streitbaren Herren dieser Familie müssen Kreuzfahrer gewesen sein, ihr Waffenrock zierte ein Kamel auf blauen Untergrund. Später kam das Castello in den Besitz der Republik Siena, die es auch als Festung ausbaute. Camigliano ist also ein Platz, an dem Geschichte geschrieben und Weinkultur betrieben wurde.

1957 kaufte der Mailänder Immobilien- und Hotelunternehmer Ghezzi das Gut. Er ließ Straßen zu dem kleinen, verschlafenen Weiler anlegen, verlegte elektrischen Strom. Es ist ein großer, stolzer Besitz von rund 630 Hektar Land. 72 davon sind reine Rebfläche, auf weiteren 50 wachsen Olivenbäume. Die landwirtschaftliche Fläche nimmt noch einmal 150 Hektar ein, der Rest ist Wald.

Anfang der 80er Jahre erhielt Camigliano einen neuen modernen Keller mit temperaturgesteuerten Edelstahltanks, Fässern aus slowenischer Eiche und Barriques. In letzteren wird vor allem der Castelvecchio ausgebaut, eine Weinkombination von Brunello di Montalcino (60 Prozent) und Cabernet Sauvignon (40 Prozent).

Natürlich sind Brunello und Rosso di Montalcino die Hauptweine dieses Traditionshauses, das die beiden Önologen Piero Rivella und Francesca Arquint beraten. Daneben hat sich der Chianti Colli Senesi etabliert, ein süffiger, unkomplizierter Rotwein für alle Tage. Eine weitere Spezialität ist der Moscadello, ein süßer Likörwein, der ideal zum toskanischen Dessert paßt.

Andere Produkte

Olivenöl extravergine, Grappa di Brunello, Honig.

Besonderheiten

Zum Gut gehören vier Agriturismo-Ferienwohnungen.

Das jährliche Gutsfest „Sagra del Galletto" zieht am ersten Sonntag im Oktober über 3.000 Besucher an, die nicht nur wegen der Weine, sondern auch der typischen, rustikalen Speisen wegen kommen, die im alten Ofen zubereitet werden.

Tenuta Caparzo

Besitzer: Tenuta Caparzo s.r.l. – Direktor Nuccio Turone
Loc. Torrenieri, 53028 Montalcino, Tel. 0577/84 83 90
Besuch und Direktverkauf nur nach Anmeldung

Gesamtqualität: ★★★
Rebfläche: 40 ha
Jährliche Abfüllung: 150.000
Preisniveau: 3–6

Die Spitzenweine

Brunello di Montalcino
La Casa★★★
Ca' del Pazzo★★★
Le Grange★★ (Weiß)

Andere Weine

Brunello di Montalcino
Riserva★★★
Brunello di Montalcino★★
Rosso di Montalcino★
Rosso di Montalcino La Caduta★

Ausbau der Spitzenweine

Alle drei Spitzenweine des Hauses werden in französischen Barriques ausgebaut – 18 bis 24 Monate lang.

Stil der Spitzenweine

Der Brunello La Casa betört durch satte rubinrote Farbe und ein verführerisches Bouquet mit Noten von Kakao und Schokolade. Er besitzt eine animierende Kirschfrucht und geschmeidige Tannine.
Der Ca' del Pazzo ist eine rote Cuvée aus Sangiovese und Cabernet Sauvignon, ein eleganter und doch stoffiger Wein von internationalem Format.
Und mit dem Le Grange ist dem Betrieb ein hervorragender Weiß-

wein gelungen: Chardonnay mit geringen Beigaben von Sauvignon Blanc und Gewürztraminer, im Barrique ausgebaut. Ein Weißwein mit einem rosigen Bouquet und vollem Körper.

Die anderen Weine

Die Tenuta Caparzo wurde 1970 von einer Investorengruppe gegründet, die aus allen Teilen Italiens kam – nur nicht aus der Toskana: Neun Teilhaber, die zum Teil aus Ligurien, der Lombardei und Lukanien kommen, sind mit ihren Wünschen und Erwartungen unter einen Hut zu bringen. Keine leichte Aufgabe für Direktor Sante Turone, der mit einem weiteren erstklassigen Fachmann zusammen arbeitet, der auch dafür verantwortlich ist, daß kleine französische Eichenholzfäßchen, die Barriques, eingeführt wurden: Dank der Beratung des renommierten Önologen Vittorio Fiore gelangte das Gut mit seinen Produkten rasch in die Spitzengruppe der Erzeuger des Montalcino, obwohl nicht alle Lagen des Betriebs zu den besten gehören. Das spricht sicherlich besonders für den Weinmacher.

Mittlerweile sind sowohl die Brunello- wie auch die Rosso-Weine besonders auf den Auslandsmärkten begehrt. Als sich Fiore zum ersten Mal an eine Cuvée wagte, die zu gleichen Teilen aus Sangiovese und Cabernet Sauvi-

gnon besteht, nannte er sie selbstironisch Ca' del Pazzo, „Haus des Verrückten". Und siehe da: Genie und Wahnsinn liegen offensichtlich eng beieinander, denn dieser Wein ist ganz einfach ein großer Wurf.

Weiteres Produkt

Olivenöl extravergine.

Casanova di Neri

Besitzer: Giacomo Neri
Loc. Torrenieri, 53028 Montalcino, Tel. 0577/83 40 29
Besuch und Direktverkauf nur nach Anmeldung

Gesamtqualität: ★★
Rebfläche: 18 ha
Jährliche Abfüllung: 90.000
Preisniveau: 2–6

Der Spitzenwein

Brunello di Montalcino
Tenuta Nuova★★
Brunello Cerretalto Riserva★★★

Andere Weine

Brunello di Montalcino★★
Rosso di Montalcino★
Casanova di Neri Rosso

Ausbau des Spitzenweins

Der Brunello di Montalcino Tenuta Nuova wird je nach Jahrgang bis zu 24 Monate mal ganz in Barriques, mal teils in größeren, teils in kleinen Eichenfässern ausgebaut.

Stil des Spitzenweins

Die Spitzenweine des Hauses – sei es der Brunello Tenuta Nuova oder der Brunello Cerretalto Riserva sind ungewöhnlich gut strukturierte Rotweine mit einer überragenden Nase von schwarzen Brombeeren und Kirschen, gepaart mit Vanille und ledrigen Tönen. Sie haben eine schöne alkoholische Wärme. Süßer Schmelz am Gaumen.

Nur die Qualität zählt

Casanova di Neri ist ein landwirtschaftliches Grußunternehmer im herkömmlichen Sinn – ein klassisches Gut. Es besitzt Landwirtschaftliche Flächen von über 200 Hektar, auf denen Olivenbäume, Getreide, aber auch Viehfutter kultiviert werden. Der Eigentümer Giacomo Neri ist denn auch staatlich geprüfter Landwirt, ein Bauer von toskanischer Tradition. Und dazu gehört nun mal auch der Weinbau, der Casanova di Neri weit über die Grenzen der Toskana hinaus bekannt gemacht hat.

Der Winzer Giacomo Neri fühlt sich strengen Qualitätsmaßstäben verpflichtet. Das beginnt im Weinberg und setzt sich im Keller fort. Dort pflegt Neri einen schonenden Ausbau in Barriques und traditionellen Fässern aus slawonischer Eiche. Das heißt: Er greift so wenig wie möglich ein, läßt den Wein ungestört reifen. Seine großartigen Gewächse – vom einfachen Rosso bis zum Brunello Riserva – gehören bereits jetzt zu den Spitzenerzeugnissen von Montalcino.

Die größte Aufmerksamkeit von Giacomo Neri gilt dem Terroir – den Weinbergen. Er achtet penibel auf die Bodenbeschaffenheit und welche Klone am besten zu den geologischen und klimatischen Bedingungen passen. Mit dieser Sorgfalt – wie jeder exzellente Weinmacher weiß auch Neri, daß große Weine zuallererst im Weinberg entstehen – hat es der Betrieb in den letzten 14, 15 Jahren geschafft, in die Spitzengruppe der Brunello-Erzeuger zu gelangen. Kein leichter Weg, der aber durch Neris Talent und Zielstrebigkeit vorgezeichnet schien. Auf Casanova di Neri ist kein Stillstand zu beobachtet, das Gut und die Weine sind in einer stetigen Aufwärtsentwicklung begriffen. Ein sympathischer Betrieb, der allemal einen Abstecher zum Direktkauf wert ist.

CASTELGIOCONDO

Besitzer: Marchesi de' Frescobaldi
Loc. Castelgiocondo, 53024 Montalcino
Tel. 055/271 41 (Frescobaldi-Zentrale in Florenz)
Besuch nur über Anmeldung in Florenz möglich

Gesamtqualität: ★★
Rebfläche: 240 ha
Jährliche Abfüllung: 500.000
Preisniveau: 2–6

Der Spitzenwein

Castelgiocondo Riserva
Brunello di Montalcino★★★

Andere Weine

Castelgiocondo
Brunello di Montalcino★★
Campo ai Sassi
Rosso di Montalcino★
Lamaione★

Ausbau des Spitzenweins

Vier Jahre wird er in größeren Eichenfässern und Barriques gelagert; danach ein Jahr Flaschenlager.

Stil des Spitzenweins

Ein großer Wein mit edler Struktur, der nur in großen Jahren und dann in kleinen Mengen erzeugt wird. Farbe: dunkles Rubin; Bouquet: Beerenfrucht- und Kirschtöne, eingebunden in Kaffee- und Kakaonoten. Geschmack: fleischiger Wein mit kräftigen Tanninen, gutes Reifepotential.

Die Größten im Brunello-Gebiet

1989 kaufte das adlige Weinhaus Frescobaldi aus Florenz dieses prächtige Anwesen auf den Hü-

geln südwestlich von Montalcino. Das Schloß geht auf das Hochmittelalter um 1100 zurück, als die Burg zum Schutz der Straße von Siena, die zum Hafen Talamone am Tyrrhenischen Meer führt, errichtet wurde. Das Weingut selbst hat ebenfalls Tradition. Es gehörte zu den vier Betrieben, die Ende des 19. Jahrhunderts den Brunello di Montalcino erstmals auf Flasche zogen.
Die Weinberge liegen in Höhen zwischen 240 und 450 Meter: insgesamt 240 Hektar Rebfläche, bepflanzt mit Sangiovese und Merlot.
Mit allein 151 Hektar Brunello-Weinbergen ist Castelgiocondo das größte Gut im Ursprungsgebiet des Brunello di Montalcino. Neben den Brunello-Weinen und einem Rosso erzeugt Castelgiocondo einen interessanten sortenreinen Merlot-Wein, den Lamaione, fruchtbetont, mit geschmeidigen Tanninen: ein Gewächs, das in guten Jahrgängen manchen Brunello in den Schatten stellt.

F & F – Wein und Design

F & F: Frescobaldi und Ferré – Symbol für ein neues ästhetisches Bewußtsein? Auf jeden Fall eine hübsche Idee, die zeigt, mit wieviel Phantasie die Frescobaldis ihr Weingeschäft betreiben: Im Herbst 1999 brachte das Weinhaus einen Millennium-Wein auf den Markt, dessen Verpackung von dem berühmten Modeschöpfer und Architekten Gianfranco Ferré stammt: eine Magnumflasche, gefüllt mit einem außergewöhnlichen Brunello di Montalcino Riserva, verziert mit einem purpurfarbenen Moiré-Etikett, das die Namensinitialien beider Schöpfer trägt. Der Wein, Jahrgang '93, gilt als einer der besten Brunelli. Die Flasche, die in einer edlen, mit schwarzem Chinalack überzogenen Holzkiste ruht, ist bereits jetzt ein begehrtes Sammlerobjekt. Auflage: 20.000 Stück. Internationales Motto der Aktion: Flavour and Fashion of the New Millennium. Exklusiv ist auch der Preis: Sie kostet ca. 550 DM.

Col d'Orcia

Besitzer: Conte Francesco Cinzano Marone
Loc. Sant'Angelo in Colle, 53020 Montalcino, Tel. 0577/80 80 01
Besuch und Direktverkauf vorher anmelden

Gesamtqualität: ★★★
Rebfläche: 100 ha
Jährliche Abfüllung: 300.000
Preisniveau: 1–6

Die Spitzenweine

Olmaia★★★
Brunello di Montalcino Riserva Poggio al Vento★★★
Moscadello di Montalcino★★ (weiß)

Andere Weine

Brunello di Montalcino Riserva★★
Brunello di Montalcino★
Rosso di Montalcino★★
Ghiaie Bianche★

Ausbau der Spitzenweine

Die Spitzenweine des Gutes kommen bis zu drei Jahre ins Holzfaß, nur zehn Prozent des Brunellos reifen in Barriques.

Stil der Spitzenweine

Ganz klar ist der Olmaia der Star von Col d'Orcia: ein herrlicher, sortenreiner Cabernet Sauvignon, wuchtig und gleichzeitig elegant im Nachhall – ein echter Super Tuscan. Der Brunello Riserva Poggio al Vento kommt von der besten Brunello-Lage des Betriebs und wird nur in besten Jahren erzeugt. Dann aber ist er nahezu unschlagbar. Mit dem weißen Moscadello ist den Weinmachern von Col d'Orcia ein echter Hit geglückt: ein bezaubernder Weißwein mit fruchtiger Süße und Gewürztönen.

Die weiße Renaissance

Das Weingut Col d' Orcia entstand durch die Teilung einer Riesenkellerei der Familie Franceschi. Der Erbe verkaufte den Betrieb später an das Vermouth-Unternehmen Cinzano. Einer der Cinzano-Eigentümer, Graf Alberto Francesco Cinzano Marone, wurde neuer Besitzer des Gutes und übertrug dessen Leitung seinem Direktor Edoardo Virano, der sich zunächst die Beratung des bekannten Önologen Alberto Antonini sicherte und nach dessen Weggang zu Antinori den Weinmacher Mario Olivero engagierte. Daneben berät auch Dr. Maurizio Castelli das Gut.

Diese etwas turbulente Vorgeschichte erklärt ein wenig die Dynamik von Col d'Orcia, einem Gut, das mit allein 63 Hektar Brunello-Rebfläche einer der größten Brunello-Erzeuger ist. Und einer der bedeutendsten. Die Größe der Erntemengen gibt den Winzern die Möglichkeit, die einzelnen Partien verschieden auszubauen und zu kategorisieren. In guten Jahrgängen zählt Col d' Orcia daher zur Brunello-Spitze.

Daneben haben die Weinmacher feine und gar nicht mal so kleine Nischen aufgetan. Zu nennen wären der reinsortige Cabernet Sauvignon Olmaia oder der Barrique-Chardonnay Ghiaie Bianche. Den größten Verdienst aber hat sich das Weingut mit der Wiederbelebung des Moscadello erworben, der vor dem Brunello jahrhundertelang der typische Wein des Montalcino war und nicht nur in Italien gerühmt wurde. Für diese Renaissance hat sich Col d'Orcia einen Extra-Stern (*) verdient.

La Fiorita

Besitzer: La Fiorita S.r.l.
Loc. Castelnuovo Abate; Roberto Cipresso, 53020 Montalcino
Tel. 0577/83 55 21; Besuch nur nach Anmeldung

Gesamtqualität: ★★
Rebfläche: 6 ha
Jährliche Abfüllung: 20.000
Preisniveau: 4–5

Der Spitzenwein

Quadratura del Cerchio
secondo viaggio★★★

Andere Weine

Brunello di Montalcino★★

Ausbau des Spitzenweins

Mindestens zwölf Monate im Barrique. Danach mindestens sechs Monate Flaschenlager.

Stil des Spitzenweins

Jedes Jahr wechselt der Winzer die Zusammensetzung der Trauben; Basis bleibt jedoch der Sangiovese di Montalcino. Ein tiefdunkler, opulenter Wein mit exotisch-sinnlichen Geschmacksnuancen: konzentrierte Cassis- und Brombeerfrucht mit Schoko- und leichten Minzetönen. Kräftige, doch nicht zu muskulöse Tannine und ein mächtiger Abgang.

Ironie oder Esoterik?

Der Önologe Roberto Cipresso ist in Italien ein bekannter Mann. Er berät renommierte Produzenten wie etwa Ciacci Piccolomini d'Aragona. 1993 erfüllte sich Cipresso einen Lebenstraum. Er kaufte das kleine Gut La Fiorita, auf dem er zunächst auf einer

winzigen Parzelle von 1,5 Hektar Rebfläche Wein erzeugte. Bis Frühjahr 2000 sollen insgesamt sechs Hektar im Ertrag stehen.

Roberto Cipresso hat einen ausgeprägten Sinn für ungewöhnliche Weine mit rätselhaften Namen. Die Cuvée von La Fiorita betitelte er mit: Quadratura del Cerchio secondo viaggio – die zweite Reise der Quadratur des Kreises. Esoterik oder Ironie? Die Frage sollte man nur bei einer Flasche selbigen Weins erörtern, denn der gibt die Antwort: Er ist einfach richtig gut.

Beim Brunello des Hauses, von dem mit der Jahrgang 1995 erstmals eine größere Partie in den Handel gelangte, offenbart Cipresso ein besonders elegantes Händchen: ein feiner, geschmeidiger Wein mit einem eleganten Ausklang.

Roberto Cipresso, Jahrgang 1963, ist ein äußerst umtriebiger Mann, was in einem gewissen Gegensatz zu seinem ausgeglichenen Wesen steht. Der Önologe, der aus Padua stammt und in San Michele im Trentino Weinbau studiert hat, geht zahlreichen Aktivitäten auch außerhalb der Toskana nach. In Apulien berät er das aufstrebende Weingut Felline, dessen Weine „Primitivo“ und „Vigna Feudo“ auch jenseits der Alpen für Aufsehen gesorgt haben. Außerdem ist er bei einem Weingut in Argentinien engagiert, wenn er nicht gerade in Italien unterwegs ist oder beim Fliegenfischen und Free Climbing seine innere Ruhe sucht und findet.

Fattoria Lisini

Besitzer: Familie Lisini
Fraz. Sesta, Loc. Sant' Angelo in Colle, 53020 Montalcino
Tel. 0577/84 40 40; Besuch mit Direktverkauf vorher anmelden

Gesamtqualität: ★★★
Rebfläche: 10 ha
Jährliche Abfüllung: 40.000
Preisniveau: 3–6

Der Spitzenwein

Brunello di Montalcino Ugolaia★★★

Andere Weine

Rosso di Montalcino★★
Brunello di Montalcino★★★
Brunello Prefillossero★★★

Ausbau des Spitzenweins

Der Brunello di Montalcino reift nach der Gärung durchschnittlich drei Jahre in traditionellen Großfässern aus slawonischer Eiche und einigen Kastanienholzgebinden. Danach folgt ein Jahr Flaschenlager.

Stil des Spitzenweins

Der Ugolaia ist seit seiner Einführung mit dem Jahrgang 1990 einer der gefragtesten Brunello-Weine: ein sehr ausgewogener, rubinroter Wein mit sanften Tanninen und erstklassigem Reifepotential.

Brunello von Etruskererde

Die Trauben für Lisinis Gewächse reifen auf historischem Rebland. Etruskische Urnen weisen darauf hin, daß hier bereits vor 2.500 Jahren Wein kultiviert wurde. Ganz so weit reichen die

Wurzeln der Familie Lisini nicht zurück. Sie übernahm das Weingut erst im 19. Jahrhundert von den Clementis, und es erzeugte neben Wein auch Olivenöl und Getreide.
Aus alten Dokumenten geht hervor, daß Lisini mindestens seit dem 16. Jahrhundert ein landwirtschaftliches Gut war. Die bauliche Substanz des Betriebs ist teilweise sogar noch erheblich älter. Ein mittelalterlicher Turm aus dem 14. Jahrhundert überragt den Innenhof. Ein traumhafter Anblick, der das Ansichtskarten-Klischee von der südlichen Toskana voll und ganz erfüllt.
Die Weinberge befinden sich in besten Lagen südwestlicher Ausrichtung und auf einer durchschnittlichen Höhe von 400 Meter über dem Meeresspiegel. Hier reifen die Sangiovese-Klone für den Brunello unter den besten Bedingungen. Und die Besitzer sind sich durchaus über die Bedeutung des Terroirs im klaren. Es war also nur mehr eine Frage der Zeit, wann Lisini, dessen Name schon immer einen guten Klang hatte, zur Spitzengruppe der Brunello-Erzeuger durchstoßen würde.
1985 gewann die Familie Franco Bernabei als önologischen Berater. Spätestens seit diesem Zeitpunkt gehört das Gut zur Crème de la Crème von Montalcino. Lisini sieht sich als Gralswächter der Sangiovese-Traube. Das gesamte Rebland von zehn Hektar ist mit Sangiovese bepflanzt. Neben dem Klassiker Brunello erzeugt das Gut einen runden, eleganten Rosso di Montalcino und eine Rarität namens Prefillossero: Einige hundert Flaschen Brunello von über hundertjährigen, wurzelechten Rebstöcken. Raritäten, die auch ihren Preis haben.

Weiteres Produkt
Olivenöl extravergine.

LUCE

Besitzer: Luce della Vite
Eigentümer Marchesi de' Frescobaldi und Robert Mondavi Winery
Loc. Castelgiocondo, 53024 Montalcino, Tel. 0577/84 84 92
Besuch über Frescobaldi/Florenz anmelden (Tel. siehe S. 206)

Gesamtqualität: ★★★
Rebfläche: 42 ha
Jährliche Abfüllung: 500.000
Preisniveau: 3–6

Der Spitzenwein

Luce★★★

Anderer Wein

Lucente★★

Ausbau des Spitzenweins

Zwölf Monate reift der Wein in neuen Barriques aus französischer Eiche. Anschließend folgen mindestens sechs Monate Flaschenlager.

Stil des Spitzenweins

Der Luce ist eine Cuvée aus Sangiovese und Merlot. Er zeigt ein intensives Rot mit violetten Reflexen und hat ein würziges Bouquet von Sauerkirschen, Mokka und Tabak; intensive, fast sinnliche Frucht, weiche Tannine, langer Nachhall. Derzeit ist er der Paradewein von Marchesi de' Frescobaldi.

Amerikanisch-italienische Verbindung

Die Gesellschaft Luce della Vite wurde 1995 gegründet – je zur Hälfte ist sie im Besitz der toskanischen Winzerdynastie Frescobaldi und der kalifornischen Weinbau-Familie Mondavi. Eine spektakuläre Verbindung, aus der auch ein spektakulärer, hochpreisiger Wein hervorging: fruchtig, weich, feminin, hochkonzentiert. Er entspricht allerdings nicht unbedingt der typisch toskanischen Herstellungsart, soll es wohl auch nicht.

Zwei önologische Teams arbeiten an dem Produkt: ein amerikanisches und ein italienisches. Der Kompromiß kommt auf Flasche und heißt Luce. Dieser Wein ist im Geschmackserlebnis schon etwas ganz Besonderes. Und genau das werfen ihm einige Kritiker vor: Im Luce, einem Designer-Produkt, würde man vergeblich den Wein der Toskana suchen. „Eine Americanata", schrieb das Fachblatt „Vinum": „ein Yankee-Wein". Wie dem auch sei: Dieser Luce ist einfach betörend. Mit dieser Sangiovese-Merlot-Cuvée wurde erfolgreich ein Kultwein etabliert – was sich natürlich auch im Preis bemerkbar macht. Dennoch ist der Luce ein äußerst rarer Wein – und meist ausverkauft.

Lucente, der kleine Bruder

Der Zweitwein des Gutes, das sich in unmittelbarer Nähe von Castelgiocondo befindet, ist der kleine Luce – Lucente. Er wird ebenfalls aus Sangiovese- und Merlottrauben gekeltert, die allerdings aus verschiedenen Anbaugebieten der Toskana stammen. Nach der Gärung bleibt er für zwölf Monate im Barrique. Auch der Lucente hat die intensive Farbe des Luce, sein Körper ist jedoch etwas weicher und leichtgewichtiger, zudem ist er früher trinkreif. Ein Wein, der vor allem bei jüngeren Leuten Anklang finden dürfte.

Mastrojanni

Besitzer: Antonio Mastrojanni
Poderi Loreto e San Pio, 53020 Castelnuovo Dell'Abate
Tel. 0577/83 56 81; Besuch vorher anmelden, Direkverkauf möglich

Gesamtqualität: ★★
Rebfläche: 18 ha
Jährliche Abfüllung: 70.000
Preisniveau: 3–6

Der Spitzenwein

Brunello di Montalcino
Riserva★★★

Andere Weine

Brunello di Montalcino★★
Brunello di Montalcino
Vigna Schiena d'Asino
Rosso di Montalcino★★
San Pio★★

Ausbau des Spitzenweins

Der Brunello di Montalcino Riserva wird fünf Jahre lang (!) in den besten Fässern des Hauses ausgebaut.

Stil des Spitzenweins

Ein wahrhaft großer Brunello, der sich streng und doch voller Noblesse präsentiert. Die Frucht ist vornehm und schmeckt dezent nach Schattenmorellen, die Tannine sind kräftig, was auf ein großartiges Reifepotential schließen läßt.

Fünf Jahre Faßlager

1975 entstand durch die Zusammenlegung der beiden Kellereien Loreto und San Pio im Südosten von Montalcino über der Flußmündung des Asso in den Orcia das Weingut Mastrojanni.

Der römische Rechtsanwalt Gabriele Mastrojanni hatte den Besitz gekauft, der nun von seinem Sohn Antonio geführt wird. Mit Unterstützung des Önologen Maurizio Castelli gelangte er ziemlich rasch in die Spitzengruppe der Brunello-Erzeuger. Der Betrieb legt Wert auf Weine von höchster Qualität, die in ihrer Jugend vielleicht noch etwas verschlossen sind, später aber ein großartiges Alterungspotential entwickeln. Die Weine waren und sind in den besten Restaurants Italiens vertreten – und bekamen dadurch ein hohen Aufmerksamkeitwert und Bekanntheitsgrad.

Das gilt nicht nur für den Paradewein des Hauses, eine Riserva, die mindestens fünf Jahre im Keller reift. Auch der „einfache" Brunello, der Brunello Vigna Schiena d'Asino, oder der San Pio, eine Cuvée aus Sangiovese und Cabernet Sauvignon, sind großartige Gewächse, die allerdings etwas Zeit brauchen. Schon recht früh zu trinken ist dagegen der runde Rosso di Montalcino, der „nur" bis zu 18 Monaten im Eichenfaß bleibt.

Gutsverwalter Andrea Machetti, die Seele von Mastrojanni, ist mit dem Erreichten noch lange nicht zufrieden. Er möchte in jedem Jahr zu den zehn besten Erzeugern von Montalcino gezählt werden. Und es spricht einiges dafür, daß er – im kongenialen Verbund

mit Maurizio Castelli – dieses ehrgeizige Ziel auch erreichen wird. So erstaunlich es auch klingen mag, aber mit jedem Jahrgang werden die Mastrojanni-Weine besser und besser.

Weiteres Produkt

Grappa di Brunello di Montalcino.

SIRO PACENTI

Besitzer: Giancarlo Pacenti
Loc. Pelagrilli 1, 53024 Montalcino, Tel. 0577/84 86 62
Besuch nach Voranmeldung

Gesamtqualität: ★★★
Rebfläche: 12 ha
Jährliche Abfüllung: 45.000
Preisniveau: 2–6

Der Spitzenwein

Brunello di Montalcino★★★

Andere Weine

Rosso di Montalcino★★★

Ausbau des Spitzenweins

Der Brunello reift 24 Monate in Barriques, danach ein halbes Jahr auf Flasche.

Stil des Spitzenweins

Ein großer Brunello mit einer ausgewogenen, oft perfekten Balance zwischen eleganter Frucht, Röstaromen und Tanninen, die bei entsprechender Lagerung immer feingliedriger werden. Im Bouquet ein Duft von Kirschen, Brombeeren, Heidelbeeren. Füllig und wunderbar klar im Mund, großes Finish. Ein tiefes Geschmackserlebnis.

Der perfekte Mix von Nord und Süd

Das Weingut, 1971 von Siro Pacenti gegründet, ist ein klassischer Familienbetrieb, wenn man von der önologischen Betreuung durch Prof. Yves Glories absieht. Noch Mitte der 70er Jahre war das Gut ein richtiger Bauernhof, ein landwirtschaft-

licher Mischbetrieb. Seinerzeit pflanzte Siro die ersten Weinreben. Auch Siros Sohn und Nachfolger Giancarlo Pacenti ist ein überzeugter Weinmacher, der beharrlich versucht, seine Produkte weiter zu verbessern. Und wenn die Natur nicht mitspielt, dann verzichtet er lieber auf den Ausbau eines durchschnittlichen Brunellos, der den Erwartungen seiner Kunden nicht entspricht und seinem Ruf abträglich wäre. In solchen Jahren beschränkt sich der Winzer auf die Erzeugung von Rosso di Montalcino, der generell höchst beachtenswert ist und mit Volumen und Struktur manchen Brunello der Konkurrenz spielend übertrifft.

Die Pacenti-Note der Weine kommt nicht zuletzt durch das unterschiedliche Terroir. Das Weingut besitzt im nördlichen Bereich von Montalcino in einer Höhe von 300 Meter Weinberge; der andere Teil liegt im Süden auf einer Hochfläche mit Blick auf den Monte Amiata. Die Weine aus diesen beiden Gebieten weisen unterschiedliche Charakteristika auf: Die aus dem Norden sind eleganter und intensiver im Aroma, die aus dem Süden kräftiger und besser strukturiert. Erst nach separater Vinifizierung werden beide in unterschiedlichen Anteilen in einem Wein zusammengeführt.

Giancarlo ist derzeit der einzige Winzer von Montalcino, der jeden Brunello im Barrique reifen läßt. Besonders gut ist ihm das beim Jahrgang 1995 gelungen. Mit diesem wunderbar harmonischen Wein hat Giancarlo Pacenti den Gipfel der Qualität im Brunello-Gebiet erklommen – von dem er nicht so leicht zu verdängen sein wird.

Anderes Produkt

Olivenöl extravergine.

Ciacci Piccolomini d'Aragona

Besitzer: Giuseppe Bianchini
Via Borgio di Mezzo 62, Fraz. Castelnuovo dell'Abate, 53020 Montalcino
Tel. 0577/83 56 16; Verkauf werktags, bitte klingeln.
Die Verkaufsleiterin Agnes Koch spricht deutsch.

Gesamtqualität: ★★★
Rebfläche: 33 ha
Jährliche Abfüllung:
ca. 100.000
Preisniveau: 2–6

Der Spitzenwein

Brunello di Montalcino
Vigna Pianrosso★★★

Andere Weine

Rosso di Montalcino
Vigna della Fonte★★
Ateo★★★

Ausbau des Spitzenweins

Der Brunello kommt gemäß den neuen Bestimmungen mindestens 24 Monate in Großfässer aus slowenischer und französischer Eiche. Danach ein Jahr Flaschenlager.

Stil des Spitzenweins

Ein komplexer Wein mit hochzentriertem Fruchtbouquet (Kirsche, Pflaume) und kräftigen Tanninen, die auf ein ausgezeichnetes Reifepotential schließen lassen.

Das Erbe der Contessa

Ein stolzer Besitz mit einem Reifekeller aus dem 16. Jahrhundert unter einem Palazzo. Das Traditionsgut des Adelshauses Ciacci Piccolomini d'Aragona kam auf ungewöhnliche Weise in bürgerliche Hände: Weil die letzte Contessa Ciacci keine Erben hatte, vermachte sie den Betrieb nach ihrem Tod dem langjährigen Verwalter Giuseppe Bianchini, dem Vater des italienischen Radrennfahrers Paolo Bianchini. Bis zum Jahrgang 1997 war Roberto Cipresso der Önologe des Hauses, das in der Vergangenheit immer wieder zu den Brunello-Spitzenerzeugern gehörte. Nachfolger ist Paolo Vagaggini, ebenfalls ein bekannter Önologe.

Dem '90er Brunello „Pianrosso" hat der amerikanische Wein-Papst Robert M. Parker, Jr., der wie kein anderer Kritiker Winzerkarrieren zu steuern vermag, die gigantische Punktzahl von 98 (von 100) gegeben. Das war für Ciacci Piccolomini der Ritterschlag – der Vorstoß in die erste Kategorie der Brunello-Erzeuger. Das Gut hat seinen önologischen und wirtschaftlichen Erfolg jedoch nicht allein auf Sangiovese und die Erzeugung von Brunello abgestimmt. Cipresso ließ auch Cabernet Sauvignon, Merlot und Syrah pflanzen. Aus Cabernet und Merlot besteht die barriquegereifte Cuvée Ateo, deren Name einen ironischen Protest gegen die Bestrebungen vieler Montalcino-Winzer darstellt, jedes Jahr einen Brunello zu erzeugen: *ateo* bedeutet Atheist.

Empfehlenswert ist auch der normale Rosso di Montalcino, der opulent, mit betörendem Bouquet und weichen Tanninen im Glas steht. Ein Wein, der beim Kunden immer begehrter wird, nicht zuletzt des günstigen Preises wegen.

Weitere Produkte

Olivenöl extravergine, Grappa und Honig.

Besonderheiten

Agriturismo in Ferienwohnungen und Bauernhaus, wahlweise mit Frühstück oder Halbpension.

AGOSTINA PIERI

Besitzer: Agostina Pieri
Loc. Piancornello, 53014 Montalcino, Tel. 0577/84 41 63
Besuch vorher anmelden

Gesamtqualität: ★★
Rebfläche: 7 ha
Jährliche Abfüllung: 13.000
Preisniveau: 1–5

Der Spitzenwein

Brunello di Montalcino★★★

Andere Weine

Costello
Rosso di Montalcino★★

Ausbau des Spitzenweins

Nach der temperaturgesteuerten alkoholischen Gärung wird der Spitzenwein des Hauses zu 40 Prozent in französischen Barriques und zu 60 Prozent in traditionellen Großfässern aus slawonischer Eiche ausgebaut. Der '94er Jahrgang lag drei Jahre im Holz und ein Jahr auf Flasche, bevor er im Frühjahr 1999 in den Verkauf kam.

Stil des Spitzenweins

Sattes Rubinrot, reife, fast überreife Sangiovese-Frucht (schwarze und rote Beeren, gepaart mit Kirschtönen), feine Röstaromen im Abgang. Geringe Säurewerte, vermutlich dürfte das Lagerpotential bis 2005 begrenzt sein. Ein weicher, eher charmanter Brunello, mehr mollig als kräftig.

Giancarlo Pacenti hilft mit

Agostina Pieri ist ein relativ junger Familienbetrieb. Agostina, eine der Pieri-Töchter aus Montalcino, erwarb das winzige Gut von drei Hektar Rebfläche 1991. Ihr Sohn Francesco Monaci übernahm die Leitung des Betriebs, d.h. er kümmert sich um die Weinberge und den Ausbau im Keller. Erst mit dem Jahrgang 1994 ging Agostina Pieri mit eigenen Erzeugnissen auf den Markt. Die Weine – der sanfte Zweitwein Castello, der leicht rauchige, kräftige und dennoch delikate Rosso di Montalcino, ein Wein, der in seiner Kategorie sicherlich zur ersten Garde gehört, sowie der erste Brunello – haben bei verschiedenen Verkostungen sofort für Überraschung gesorgt. Mittlerweile bewirtschaften Mutter Pieri und Sohn Monaci sieben Hektar Rebfläche, auf denen ausschließlich die Rotweinsorte Sangiovese wächst.

Die Weinberge befinden sich überwiegend in Südlage, mit einer für den Anbau von Sangiovese besonders geeigneten Bodenformation. Das Alter der Rebstökke beträgt zwischen drei und 20 Jahre, wobei nur die Trauben der älteren Pflanzen für den Brunello di Montalcino verwendet werden.

Giancarlo Pacenti, der begnadete Weinmacher des Montalcino-Gutes Siro Pacenti, unterstützt den jungen Monaci mit Rat und Tat. Verwandtschaftshilfe: Giancarlo ist ein Neffe von Agostina. Alles spricht dafür, daß von

Agostina Pieri in den nächsten Jahren noch einiges zu hören sein wird. Ein Tip für Insider ist der Brunello bereits seit dem Jahrgang 1994. Auffällig: die künstlerisch gestalteten Etiketten – durchaus Objekte für Sammler.

Weiteres Produkt

Olivenöl extravergine.

Pieve di Santa Restituta

Besitzer: Angelo Gaja
Loc. Chiesa di Santa Restituta, 53024 Montalcino, Tel. 0577/84 86 10
Besuch vorher anmelden

Gesamtqualität: ★★★
Rebfläche: 16 ha, Ziel: 30 ha
Jährliche Abfüllung: 50.000
Preisniveau: 4–6

Der Spitzenwein

Brunello di Montalcino
Sugarille★★★

Andere Weine

Brunello di Montalcino
Rennina★★★
Promis★★

Ausbau des Spitzenweins

Der Brunello di Montalcino Sugarille wird in Inoxtanks und Bordelaiser Holzbottichen vergoren. Nach dem Säureabbau (in Inoxtanks und Barriques) kommt der Wein für ein Jahr in Barriques, danach ca. ein Jahr in traditionelle Großfässer aus slawonischer Eiche. Anschließend ein zweijähriges Flaschenlager.

Stil des Spitzenweins

Sattes, dunkles Rot, mächtiges, geradezu überwältigendes Dufterlebnis (Waldbeeren, Kirschen, warmer Alkohol), gute Struktur und ein langer Nachhall. Ein langlebiger Wein.

Brunello vom Barbaresco-Genie

Als Angelo Gaja 1994 in die Toskana „einstieg“, wurde er, nach eigenen Angaben, „nicht mit offenen Armen" von den Kollegen empfangen. Offensichtlich konnten sich einige an einer Hand ausrechnen, daß mit dem großen Winzer aus dem Piemont, dessen Barbaresco auf der ganzen Welt Kult-Status genießt, eine mächtige Konkurrenz erwachsen würde. Wer Gajas Ehrgeiz kennt, weiß: Dieser Mann will stets an die Spitze. Und die, so seine Philosophie, kann man nur über die Qualität der Produkte erreichen. Angelo Gaja kaufte sich zunächst auf erstklassigem Terroir ein, in Roberto Bellinis Weingut Chiesa di Santa Restituta, das er schließlich 1998 zu 100 Prozent übernahm und in Pieve di Santa Restituta umbenannte. Gajas Ziel: der ultimative Brunello. Der Spitzenwein stammt ausschließlich aus der vier Hektar großen Toplage Sugarille, aus der nur 21 bis 27 Hektoliter pro Hektar erzeugt werden.

Beim Ausbau in den Barriques wendet Gaja, wie auch im Piemont, ein besonderes Verfahren an. Er kauft in Frankreich keine fertigen Fässer, sondern nur die Hölzer, die er zusätzlich noch drei bis vier Jahre im Freien lagert, damit sich sämtliche störenden Stoffe und Säuren verflüchtigen können. Erst dann werden die Fässer gebaut und in Betrieb genommen.

Um das Toskana-Gut kümmert sich in erster Linie Betriebsleiter Fabrizio Moltard; Besitzer Gaja

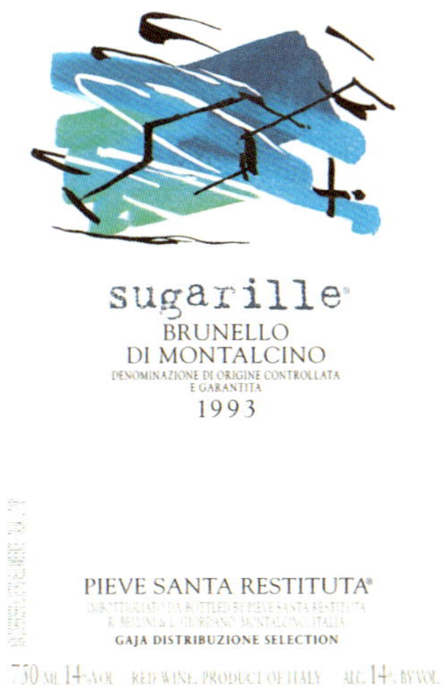

reist aber alle vier Wochen an. Beide zusammen komponieren die Weine: neben dem Sugarille den Brunello di Montalcino Rennina, eine Assemblage aus dem Lesegut von drei Lagen, sowie den Zweitwein des Guts, den süffigen Promis (aus Sangiovese und bis zu 15 Prozent Cabernet Sauvignon), einen Rosso auf hohem Niveau.

Inzwischen hat Gaja in ein weiteres Weingut in der Toskana investiert. In der Maremma wird bis Ende 2000 an der Kellerei Ca' Marcanda gebaut. Der erste Jahrgang – 1999 – kommt 2001 auf den Markt.

Weiteres Produkt

Grappa di Brunello di Montalcino.

Poggio Antico

Besitzer: Giancarlo Gloder
Loc. Poggio Antico, 53024 Montalcino, Tel. 0577/84 80 44
Verkauf: tägl. 8.30–19 Uhr

Gesamtqualität: ★★
Rebfläche: 30 ha
Jährliche Abfüllung: 80.000
Preisniveau: 2–6

Der Spitzenwein

Brunello di Montalcino Riserva★★

Andere Weine

Brunello di Montalcino★★
Altero★★
Rosso di Montalcino★★

Ausbau des Spitzenweins

Der Brunello di Montalcino Riserva reift nach der Gärung 42 Monate in Großfässern aus slawonischer Eiche.

Stil des Spitzenweins

Ein eleganter Spitzen-Brunello: leuchtendes Rubin, intensives Bouquet nach Kirsche, Pflaume, Zimt und ein Hauch von Vanille. Geschmacksnoten von Beerenfrüchten mit Schokolade. Delikate Süße paart sich mit weichen Tanninen.

Miss Brunello und ihre Weine

Die Erfolgsgeschichte von Poggio Antico ist gleichzeitig die Erfolgsgeschichte von Paola Gloder, Tochter des Eigentümers Giancarlo Gloder. 1984 erwarb der Mailänder Bankier das renommierte Gut, das unter der Leitung seiner Tochter Paola steht. Kollegen und Kritiker nennen sie respektvoll „Miss Brunello“, denn der Aufstieg des Gutes ist zu einem guten Teil ihr zu verdanken.

Es begann mit dem 1984er Rosso di Montalcino, ein Jahrgang, der für einen Brunello nichts hergab, den Rosso jedoch zum Verkaufsschlager werden ließ. Das oberste Gebot der jungen Chefin und ihres Önologen Dr. Massimo Albanese: Qualität. Es werden nur absolut gesunde Trauben geerntet und vinifiziert.

Beim Stil des Weines legt Signora Gloder mehr Wert auf Eleganz und relativ frühe Trinkbarkeit als auf Wucht und Opulenz. Diese Stilvorgabe entspricht auch den Lagen von Poggio Antico.

Die Weinberge stehen in Höhen um 500 Meter, die Temperaturen weisen deutliche Schwankungen auf. Es weht fast immer ein leichter Wind durch die Rebzeilen, der das Lesegut von Niederschlägen trocknet. Dadurch ist es im Durchschnitt gesünder als in unteren Lagen. Dafür sind die Weine nicht so alkoholreich und kräftig. Eleganz wird also den Gewächsen von Poggio Antico von der Natur mit ins Faß gelegt.

Paola Gloder ist allem Anschein zum Trotz Traditionalistin. Alle Weine reifen in Großfässern, von denen 65 in den Kellern von Poggio Antico stehen. Die Hausrebe des Betriebs ist Sangiovese, ausschließlich. Daraus besteht auch der Altero, ein sinnlicher Vino da Tavola, der im Gegensatz zum Brunello Riserva „nur“ zwei Jahre im Holzfaß reift, dann aber noch für 18 Monate in den Edelstahltank kommt.

Weitere Produkte

Olivenöl extravergine, Grappa di Brunello, Honig Miele Millefiori.

Besonderheiten

Zum Anwesen gehört das führende Feinschmecker-Restaurant von Montalcino, das „Ristorante di Poggio Antico“, von Patrizia und Robert Minetti.
Tel. 0577/84 92 00.

Salvioni ~ La Cerbaiola

Besitzer: Giulio und Mirella Salvioni
Piazza Cavour 19, 53024 Montalcino, Tel. 0577/84 84 99
Besuch vorher anmelden, Direktverkauf möglich

Gesamtqualität: ★★
Rebfläche: 2,5 ha
Jährliche Abfüllung: 5.000
Preisniveau: 6

Der Spitzenwein

Brunello di Montalcino★★★

Andere Weine

Rosso★★

Ausbau des Spitzenweins

Der Brunello di Montalcino reift drei Jahre lang im Eichenholzfaß.

Stil des Spitzenweins

Intensives, dunkel leuchtendes Rubin, vielschichtiges, feines Bouquet von schwarzen Kirschen und Beeren, Waldkräutern, Nüssen und Schokolade. Fleischiger, dichter Geschmack mit süßem Schmelz, perfekt eingebunden in ein dezentes Tanningerüst. Und ein Finish wie ein langes Echo. Ein harmonischer Wein.

Der Qualitätsfanatiker von Montalcino

Dies ist die Erfolgsgeschichte eines Hobbywinzers, der zum vielbeachteten Rotwein-Künstler aufstieg. Früher war Giulio Salvioni beim kommunalen Gesundheitsamt von Montalcino beschäftigt. Seine gesamte Freizeit widmete er jedoch dem Wein, den er nebenbei erzeugte. Schließlich

wurde seine Leidenschaft stärker als jegliches Sicherheitsdenken. Salvioni kündigte – und wurde hauptberuflich Winzer. Die Weinfreunde sind ihm noch heute für diesen mutigen Schritt dankbar.
Eine Zeitlang galt das winzige Weingut von Giulio Salvioni als Geheimtip. Doch dann ließ sich die Qualität der Produkte dieses Betriebs auch außerhalb von Insiderkreisen nicht länger geheimhalten. Soll heißen: Salvioni-Weine wurden rar. Der Winzer und seine Frau Mirella, beraten vom Önologen Attilio Pagli, sind Qualitätsfanatiker. Nichts wird dem Zufall überlassen, es sei denn, extreme Wetterschwankungen eines Jahrgangs machen den Salvionis einen Strich durch die Rechnung.
Das Terroir eignet sich optimal. Die Weinberge liegen in ausgezeichneten Lagen in Südwestausrichtung, Richtung Monte Amiata. Durchschnittliche Höhe: 400 Meter über dem Meeresspiegel.
Die penible Sorgfalt beginnt wie bei allen großen Winzern – im Weinberg. Die Reben werden gepflegt wie anderswo kostbare Preziosen. Das Lesegut wird bereits am Stock selektioniert. Es kommt nur kerngesund und im Zustand optimaler Reife in die Kelter. Die gleiche Sorgfalt herrscht auch im peinlich sauberen Mini-Keller, wo der Wein so schonend wie möglich in großen Gebinden aus slowenischer Eiche ausgebaut wird. Ein ähnliches Procedere findet sich beim Rosso di Montalcino, ebenfalls eine köstliche Rarität. Rechtzeitig einige Flaschen bestellen oder reservieren!
Ein Besuch des hübsch renovierten Landhauses lohnt sich allemal. Man sollte sich nur rechtzeitig vorher anmelden, denn Giulio Salvioni ist mit seinen raren Weinen häufig auf Degustations-Terminen unterwegs.

Weiteres Produkt

Olivenöl extravergine.

Val di Suga

Besitzer: Tenimenti Angelini S.p.A.
Loc. Val di Suga, 53024 Montalcino, Tel. 0577/84 87 01
Besuch vorher anmelden, Direkt verkauf ab Gut möglich

Gesamtqualität: ★★★
Rebfläche: 38 ha
Jährliche Abfüllung: 150.000
Preisniveau: 2–6

Der Spitzenwein

Brunello Vigna del Lago★★★

Andere Weine

Vigna di Spuntali★★★
Brunello di Montalcino Riserva★★★
Brunello di Montalcino★★★
Rosso di Montalcino★

Ausbau des Spitzenweins

Der Brunello Vigna del Lago reift mindestens 24 Monate im Eichenholzfaß. Danach mindestens ein Jahr Flaschenlager.

Stil des Spitzenweins

Der Vigna del Lago ist ein moderner Brunello, das heißt er ist relativ früh trinkbar, mit Fruchtaromen und „gezähmten" Tanninen, die bei den traditionellen Gewächsen nur bei älteren Weinen vorkommen. Verkostungsnotizen: dunkles Rot, großartiges Bouquet von schwarzen Beeren und vollreifen Kirschen, im Geschmack voluminös, feine Gerbsäuren und ein anhaltendes Finish.

Große Pläne mit Investor Tenimenti Angelini

Val di Suga, das früher dem Mailänder Unternehmer Lionello

Marchesi gehörte, ist seit 1994 im Besitz der Gruppo Tenimenti Angelini, die auch die Weingüter San Leonino (Castellina in Chianti) und Trerose (Montepulciano) unterhält. In allen drei Betrieben wird unter der Leitung von Geschäftsführer Mario Calzulari gewaltig investiert: neue und dichtere Bestockung der Weinberge, hochmoderne Kelleranlagen, vorsichtiger Einsatz von besten Einholzfässern.

Die Tradition soll gepflegt, jedoch nicht mumifiziert werden. Als Ziel haben sich die Eigentümer die Erzeugung von Brunello-Weinen der neuen Generation gesetzt: süffige, konzentrierte Weine mit einer ausgeglichenen Frucht-Säure-Balance. Dem Typus des Vigna del Lago ähnelt auch der Vigna di Spuntali, der zweite Paradewein von Val di Suga. Auch der klassische Brunello des Hauses besticht durch seine dichte, animierende Frucht. Im unteren Preissegment ist der Rosso di Montalcino empfehlenswert: ein gut strukturierter Wein für alle Tage.

Val di Suga dürfte der einzige Betrieb mit Weinbergen sowohl im Nordwesten (ca. 22 Hektar auf 250 Meter Höhe) als auch im Süden (ca. 14 Hektar auf 300 Meter Höhe) der Hügel von Montalcino sein, also ein Weingut mit sehr unterschiedlichen Mikroklimata. Der Nordwesten bildet eine Kette vollständig bewirtschafteter Hügel mit besonders fruchtbaren Böden. Im Süden zeigt sich die Natur rauher, fast wild. Die Weine aus dem Norden sind denn auch weicher und duftiger als die aus dem Süden, die durch ihr Volumen und ihren Alkoholgehalt beeindrucken.

Weiteres Produkt

Olivenöl extravergine.

MONTEPULCIANO

CONSORZIO DEL VINO NOBILE DI MONTEPULCIANO

AVIGNONESI

Besitzer: Familie Falvi
Via di Granziano nel Corso 91, 53045 Montepulciano, Tel. 0578/75 78 72

Gesamtqualität: ★★
Rebfläche: 100 ha
Jährliche Abfüllung: 400.000
Preisniveau: 4–6

Die Spitzenweine

Vino Nobile di Montepulciano Riserva★★
Il Marzocco★★ (weiß)
Vin Santo★★★

Andere Weine

Vino Nobile di Montepulciano★★
Grifi★
Merlot Desiderio★★

Ausbau der Spitzenweine

Für den Ausbau des Vino Nobile und des Chardonnay Il Marzocco werden Barriques verwendet. Der Vin Santo wird in speziellen Eichenfäßchen (50 Liter) vergoren und ausgebaut. Dieser Prozeß dauert mehrere Jahre.

Stil der Spitzenweine

Der Vino Nobile Riserva ist ein gut zwischen Frucht und Tanninen ausbalancierter Wein mit würzigen Tönen. Der Chardonnay von Avignonesi, Il Marzocco, hat durch den Barrique-Ausbau an Struktur und Rückgrat gewonnen, leicht und süffig ist dieser Wein jedoch nicht. Die Krone des Hauses gebührt dem Vin Santo, einem wahren Götternektar, der selbst Puristen, die sich nichts anderes vorstellen können als trockenen Wein, zu verführen vermag.

Der „Heilige" Wein – süß wie die Sünde

Das Traditionsgut in Montepulciano, wo die Familie noch immer einen Renaissance-Palazzo besitzt, war jahrhundertelang im Besitz eines Adelsgeschlechts, das dem Heiligen Stuhl nahestand. Als der Papst aus seinem Exil im französischen Avignon nach Rom zurückkehrte, kam auch diese Familie wieder nach Italien. Daher der Name: die aus Avignon. Die Geschicke des gleichnamigen Weinguts leitet seit mehreren Jahrzehnten der sympathische Jurist und leidenschaftliche Weinmacher Ettore Falvo, der durch seine Heirat mit Adriana Avignonesi Chef der Kellerei wurde. (Mittlerweile ist die Ehe geschieden.) Er hat den in den 50er und 60er Jahren etwas verblaßten Namen dieses Betriebs wieder gründlich aufpoliert.

Neben einem nuancenreichen, feinen Vino Nobile Riserva – der Begriff „adliger Wein" wurde übrigens im 18. Jahrhundert geprägt – erzeugt Avignonesi auch den kraftvollen Grifi aus Cabernet-Sauvignon- und Sangiovese-Trauben, der ebenso in Barriques ausgebaut wird wie der harmonische Merlot des Hauses. Gelungen ist auch der elegante Chardonnay „Il Marzocco", der sicher noch einige Jahre Flaschenlager verträgt.

Der Star der Avignonesi-Weine ist jedoch süß wie die Sünde: der Vin Santo. Kritiker des „Gambero Rosso" überschlugen sich vor Begeisterung: „Ein umwerfendes Geschöpf: bernsteinfarben, mit rosigen Einsprengseln; ein geradezu berauschender Duft nach kandierten und getrockneten Früchten sowie nach Mandeln."

Weiteres Produkt

Olivenöl extravergine.

Besonderheiten

Im Weingut Le Capezzine wurde inzwischen ein Restaurant eingerichtet mit Spezialitäten der Toskana und den Weinen des Hauses. Außerdem veranstaltet das Haus Kochseminare.

Bindella Terra Vite Vita

Besitzer: Dr. Rudolf Bindella
Via delle Trè Berte 10/A, 53040 Montepulciano, Tel. 0578/76 77 77
Besuch und Verkauf Mo–Fr 9–12 und 13–17 Uhr

Gesamtqualität: ★★
Rebfläche: 67 ha
Jährliche Abfüllung: 160.000
Preisniveau: 2–4

Die Spitzenweine

Vino Nobile di Montepulciano Riserva★★
Borgo Scopeto Chianti Classico Riserva★★

Andere Weine

Vino Nobile di Montepulciano★
Vallocaia Vino da tavola della Toscana★★
Borgo Scopeto Chianti Classico

Ausbau der Spitzenweine

Vino Nobile di Montepulciano Riserva: Gärung in Edelstahltanks, danach zwei Jahre Ausbau in mittelgroßen Eichenfässern und zu einem kleinen Teil in Barriques. Anschließend 12 bis 18 Monate Flaschenlager.
Borgo Scopeto Chianti Classico Riserva: Nach der Gärung 18 bis 24 Monate Reifung in traditionellen Eichenfässer und Barriques. Danach bis zu 24 Monate Flaschenlager.

Stil der Spitzenweine

Der Vino Nobile Riserva stellt sich als weicher, vollmundiger Wein von intensivem Dunkelrot dar. Der Chianti Classico Riserva besticht durch sein Bouquet nach Waldbeeren, Kaffee, Vanille und

Lakritz. Ein harmonischer, konzentrierter Wein und gut eingebundenen Gerbstoffen.

Zwei Weingüter – ein Unternehmer

Der Besitzer Rudolf Bindella ist ein Schweizer, der aus dem Tessin stammt und spanische Vorfahren hat. Er war einer der ersten Ausländer überhaupt, der an die Weine von Montepulciano glaubte, vermutlich auch, weil er die Region als Student in Perugia näher kennengelernt hatte. Also erwarb er 1984 in der Umgebung von Montepulciano das alte Gut Argiano, das zuvor dem Cavaliere Adolfo Gamberucci gehört hatte, einem bekannten Grundbesitzer und dem ersten Vorsitzenden des Consorzio del Vino Nobile. Nach und nach erwarb Bindella weiteres Gelände, auf dem er seinen Wein nach der philosophischen Formel erzeugt: Erde, Rebe und Leben. Es bedeutet: Respekt vor dem Terroir und der Pflanze.

Heute besteht das Unternehmen des Schweizer Weinhändlers aus zwei stilvollen Weingütern: Tenuta a Vallocaia in Montepulciano und Tenuta Borgo Scopeto in Castelnuovo Beradenga in der Chianti-Classico-Zone. Das letztere Gut gehörte jahrhundertelang zum Dom von Siena. Beide Betriebe wurden mit modernen Kellereinrichtungen ausgerüstet, die eine hygienische Arbeitsweise ermöglichen. Bei den Weinen setzen Bindella und sein Önologe Matteo Mazzamurro auf Tradition: Die Rebflächen von Vallacaia (17 Hektar) und Borgo Scopeto (50 Hektar) sind überwiegend mit der klassischen Toskana-Rebe Sangiovese bepflanzt; daneben gibt es noch ein bißchen Canaiolo Nero, Cabernet Sauvignon und etwas Chardonnay. Den Stil des Hauses verkörpert sehr schön der Tafelwein von Vallocaia, eine Cuvée aus Sangiovese (Prugnolo gentile) und Canaiolo Nero: ein charaktervoller Rotwein mit feinen Tanninen.

Beim Ausbau der Weine vertraut Rudolf Bindella auf einen Mittelweg zwischen Tradition und moderner Kellertechnik. Einige der Weine reifen 12 bis 15 Monate in französischen Barriques, die großen Weinen eine feinere Struktur geben.

Weiteres Produkt

Olivenöl extravergine.

Poderi Boscarelli

Besitzer: Marchesi de Ferrari Corradi
Via di Montenero 28, Loc. Cervognano, 53045 Montepulciano
Tel. 0578/76 72 77; Besuch nach Anmeldung, Direktverkauf ab Gut

Gesamtqualität: ★★
Rebfläche: 13 ha
Jährliche Abfüllung: 60.000
Preisniveau: 2–5

Der Spitzenwein

Vino Nobile di Montepulciano Riserva Vigna del Nocio★★

Andere Weine

Boscarelli★★
De Ferrari★
Vino Nobile di Montepulciano★★
Chianti Colli Senesi★
Vin Santo★

Ausbau des Spitzenweins

Der Wein wird bis zu 24 Monate in Barriques ausgebaut. Es folgt ein Flaschenlager von ungefähr einem Jahr.

Stil des Spitzenweins

Herrliches Bouquet nach schwarzen Kirschen und Johannisbeeren, verbunden mit einem Hauch Vanille. Im Geschmack: Kirsche, Pflaume, Rösttöne und weiche Tannine. Großer Nachhall. Ein wundervoller, wahrhaft nobler Wein, der nach einem bekannten Weinberg (Nocio) benannt wird.

Der Lebenstraum des Signor Ferrari

1962 erfüllte sich Paola de Ferrari, die Frau eines adligen Genueser Textilfabrikanten, einen Lebenstraum: ein bäuerliches

Anwesen bei Montepulciano. Und da das Haus in Cervognano steht, das zu den besten Weinlagen des Anbaugebiets gehört, war es überhaupt keine Frage, daß die Familie ihren eigenen Wein erzeugte. Schon der erste Jahrgang erregte Aufsehen – ein Vino Nobile, der wirklich diesen Namen verdient. Paola de Ferrari engagierte den Önologen Maurizio Castelli, der auf Boscarelli die kleinen französischen Eichenholzfässer einführte und auch die beste Lage des Betriebs für die Erzeugung der Riserva Vigna del Nocio bestimmte.

Nach dem frühzeitigen Tod ihres Mannes kümmerte sich die Gräfin allein um den Betrieb. Mittlerweile ist die Leitung des Weinguts an die beiden Söhne Luca und Nicolò übergegangen. Ein anderer aufsehenerregender Wein dieses Hauses ist der Boscarelli, der aus Trauben der Sangiovese Lagen und einem kleinen Anteil Cabernet Sauvignon (5 Prozent) gekeltert wird. Auch er wird in Barriques ausgebaut.
Es ist ein schmucker Besitz, den sich Gräfin Paola de Ferrari und ihre Söhne aufgebaut haben. Die Weinkeller liegen in einem alten Bauernhaus, daneben steht das Herrenhaus, das im traditionellen Sieneser Stil errichtet wurde. Die Weinberge wurden dicht bepflanzt (ca. 6000 Rebstöcke pro Hektar), um den Ertrag auf natürliche Weise zu reduzieren.
Die Weine der Poderi Boscarelli sind im Ausland bekannter als in Italien. Die Vermarktung findet in der ganzen Welt statt, wobei die Hauptabnahmeländer die USA, gefolgt von Deutschland und der Schweiz sind. Aber auch der Verkauf in Italien entwickelt sich zunehmend.

Weiteres Produkt
Olivenöl extravergine.

DEI

Besitzer: Caterina Dei
Villa Martiena, 53045 Montepulciano, Tel. 0578/71 68 78
Besuch nur nach Anmeldung

Gesamtqualität: ★★
Rebfläche: 34 ha
Jährliche Abfüllung: 80.000
Preisniveau: 2–4

Die Spitzenweine

Vino Nobile di Montepulciano Riserva★★
Sancta Catharina★★

Andere Weine

Rosso di Montepulciano★

Ausbau der Spitzenweine

Der Vino Nobile reift zwei Jahre lang im Faß, teils in Barriques, teils in Großgebinden. Die Cuvée Sancta Catharina wird 12 Monate in größeren Fässern aus französischer Eiche ausgebaut.

Stil der Spitzenweine

Der Vino Nobile Riserva von Dei stellt sich als fruchtig saftiger Wein mit körperreichem, elegantem Volumen dar.
Der rare Sancta Catharina, eine Cuvée aus Prugnolo gentile, Cabernet Sauvignon und Syrah, ist derzeit der markanteste Wein der Fattoria Dei: ein kraftvolles schwarzrotes Gewächs mit ganz starkem Finish.

Kunst und Wein

Das Weingut geht auf Alibrando Dei zurück, der Anfang der 70er Jahre Anbauflächen in Mariena

und Bossona kaufte. Damals wurden nur Weintrauben geerntet, die man an Kellereien weiterverkaufte. Sein Sohn Glauco, von Beruf Ingenieur, wollte selbst einen eigenen Vino Nobile erzeugen, denn dieser Wein hatte allmählich seine Reputation auf den internationalen Markten gefunden. Mit dem Jahrgang 1985 vermarktete Dei seinen ersten Flaschenwein. Das war der Anfang des Weinguts.

Mittlerweile hat Caterina Dei, Glaucos Tochter, den Betrieb übernommen. Eigentlich hatte sie die Ziele ihres Leben schon festgesteckt: Theater, Klavier, Gesang, Musik. Caterina wollte Mezzosopranistin werden. Doch schließlich gab sie der Bitte ihres Vaters nach und übernahm die Villa Martiena, das Weingut Dei. Sie begann, Sollier-Kurse zu belegen, um ihren Weingeschmack zu verfeinern. Und irgendwann wurde ihr bewußt, daß sie die Kunst gar nicht verlassen, sondern nur verlagert hatte. Große Weine sind nämlich auch Kunstwerke. Und denen hat sich Caterina Dei, Jahrgang 1963, verschrieben. Mit dem Sancta Catharina ist ihr (und ihrem Önologen Nicolò d'Afflitto) ein großer Wurf gelungen. Doch auch die Qualität des Vino Nobile liegt weit über dem Durchschnitt. Hier sieht Caterina Dei auch die Zukunft des Gutes: elegante, gehaltvolle, noble Weine.

Die Weinberge des Gutes liegen relativ hoch – in durchschnittlich 500 Meter Höhe. Das erklärt auch die feinen, eleganten Weine mit ihren zarten Bouquet. Die Keller des Betriebs sind voller beeindruckender Stimmungen, besonders der große Faßkeller, in dem die Großgebinde aus slowenischer Eiche stehen. An dieses Gewölbe grenzt ein Empfangssaal für Gäste an, der auch als Probierstube dient.

Weiteres Produkt

Olivenöl extravergine.

POLIZIANO

Besitzer: Federico Carletti
Via Fontago, Fraz. Gracciano, 53040 Montepulciano, Tel. 0578/73 81 71
Verkauf: Mo–Fr 9–12 und 14–18 Uhr, sonst nach Vereinbarung

Gesamtqualität: ★★★
Rebfläche: 120 ha
Jährliche Abfüllung: 500.000
Preisniveau: 2–6

Der Spitzenwein

Vino Nobile di Montepulciano
Vigna dell'Asinone★★★

Andere Weine

Le Stanze★★★
Vino Nobile di Montepulciano★★★
Rosso di Montepulciano★★
Chianti Colli Senesi★
Vin Santo★★

Ausbau des Spitzenweins

Der Vino Nobile di Montepulciano Vigna dell'Asinone wird ausschließlich in französischen Barriques ausgebaut. Anschließend 12 Monate Flaschenlager.

Stil des Spitzenweins

Der Vigna dell'Asinone stammt aus der Spitzenlage des Betriebs. Er wird nur in besseren Jahrgängen hergestellt und erhält dann regelmäßig die Bestnoten des Anbaugebiets. Ein großer Wein von tiefem Rubinrot mit einer nuancenreichen Nase (Kirsche, Schokolade, Karamel), vollem, fleischigem Geschmack und harmonischen Tanninen.

Beste Reben – bester Wein

Größe muß nicht gleich Masse bedeuten. Poliziano ist einer der größten Betriebe von Montepulciano – und auch seine Weine gehören zu den besten. Was vor allem an der Planung und Sorgfalt von Poliziano-Eigentürmer Federico Carletti und seinem Önologen Carlo Ferrini liegt. Als Carletti 1980 die Leitung des Familienunternehmens übernahm, kümmerte er sich sofort um die Rebanlagen, denn er wußte: Große Weine entstehen in erster Linie im Weinberg und nicht im Keller. Er ließ neue, hochklassige Reben pflanzen, die besten Sangiovese-Klone. Sie liefern heute überragende Weine, die Carlo Ferrini im kleinen Eichenholzfaß ausbauen läßt, was ihnen noch mehr Tiefe und Struktur verleiht.

Neben der toskanischen Traditionsrebe besitzt Poliziano auch Anlagen mit französischen Sorten wie Chardonnay und Cabernet Sauvignon. Aus letzterem wird Le Stanze erzeugt, ein üppiger und doch eleganter Rotwein von dichtem Violett.

Die Weinberge von Poliziano liegen in den Zonen Acquaviva, Caggiole, Asinone und Montepuciano Stazione. Die Böden sind von unterschiedlicher Konsistenz – von leicht und tuffsteinartig bis schwer und lehmig. Das ergibt natürlich auch sehr unterschiedliche Weine – von elegant bis ausdrucksvoll mit kräftigen Tanninen. In guten Jahren sprechen diese Charakteristika für

sich – und die Weine werden als Crus abgefüllt. In schwächeren Jahrgängen werden sie zu einem Vino Nobile di Montepulciano zusammengeführt.

Die Weine von Poliziano haben ihren festen Kundenkreis. Rund 60 Prozent gehen in den Export, hauptsächlich in die USA, nach Deutschland und in die Schweiz.

Weiteres Produkt

Olivenöl extravergine.

SALCHETO

Besitzer: Cecilia Naldoni und Fabrizio Piccin
Via di Villa Bianca, 15, 53045 Montepulciano
Tel. 0578/79 90 31, Fax 79 97 49

Gesamtqualität: ★★
Rebfläche: 5 ha
Jährliche Abfüllung: 40.000
Preisniveau: 2–4

Der Spitzenwein

Vino Nobile di Montepulciano Riserva★★★

Andere Weine

Vino Nobile di Montepulciano★★
Rosso di Montepulciano★★

Ausbau des Spitzenweins

Der Vino Nobile Riserva, der ausnahmslos in besten Jahrgängen erzeugt wird, kommt für 24 Monate ausschließlich in Barriques und danach einige Monate ins Flaschenlager.

Stil des Spitzenweins

Ein ungeheuer saftiger Rotwein mit leckeren Beeren- und Sauerkirschnoten und einer satten Farbe. Die Tannine sind delikat in die Frucht eingebunden. Der Wein macht Appetit auf mehr.

Von Rom nach Montepulciano

Die Sehnsucht nach eigenen Weinbergen hat das Ehepaar Cecilia Naldoni und Fabrizio Piccin wie magisch in die anmutige Landschaft von Montepulciano gezogen. Sie: eine gelernte Fotolaborantin aus der Emilia; er: Seemann bei der italienischen Marine, immerhin aus der Maremma stämmig. Beide lebten in Rom und zogen Mitte der 80er Jahre nach dem Erwerb ihres Grundbesitzes nach Montepulciano. Nach einer mühsamen Durststrecke (Neupflanzungen etc.) füllten sie mit dem Jahrgang 1990 ihren ersten Wein ab. Der erregte wegen seiner ungewöhnlichen Frische gleich Aufsehen.

Unter der behutsamen Beratung des Önologen Dr. Paolo Vagaggini und mit großen Engagement der Besitzer hat Salcheto einen Qualitätsstandard erreicht, der zu großen Hoffnungen schon für die nahe Zukunft berechtigt. Durch dichte Rebpflanzung (ausschließlich Prugnolo Gentile), geringen Ertrag (max. 40 hl/ha), sorgfältige Gärung in neuen Behältern und schonenden Ausbau in traditionellen Holzfässern und Barriques werden saftige, animierende Weine des neuen Montepulciano-Stils mit herrlichen Kirscharomen erzeugt. Das gilt für den einfachen Rosso di Montepulciano ebenso wie für den Vino Nobile.

Die Piccin-Familie hat mit großem Fleiß und Können Beachtliches erreicht. Ihre Weine sind sogar in Deutschland und der Schweiz ein Begriff geworden. Und der Ehrgeiz treibt sie weiter an. Es scheint, daß wir auch im dritten Jahrtausend noch einige herausrangende Weine von Salcheto trinken werden.

Besonderheiten

Die Enoteca „Borgo Buio" in der Altstadt von Montepulciano verkauft Salcheto-Weine. Dazu gehört eine erstklassige Osteria mit gemütlichem Ambiente: Via Borgo Buio 10, Tel. 0578/71 74 97.

Tenuta S. Agnese ~ Fanetti

Besitzer: Giuseppe Cav. Fanetti
Viale Calamandrei 29, 53045 Montepulciano, Tel. 0578/75 72 66
Verkauf: Mo–Fr 8.30–13 und 15–18 Uhr

Gesamtqualität: ★★
Rebfläche: 18 ha
Jährliche Abfüllung: 100.000
Preisniveau: 1–5

Der Spitzenwein

Vino Nobile di Montepulciano★★

Andere Weine

Rosso di Montepulciano★
Principesco★
Vin del Sasso★★
Rosso Fanetti
Bianco S. Agnese (weiß)
Vin Santo★★

Ausbau des Spitzenweins

Der Vino Nobile reift mindestens 24 Monate in traditionellen Holzfässern.

Stil des Spitzenweins

Rubinrot mit helleren Granatreflexen. Leicht rauchiges Würzbouquet mit süßlichen Fruchtnoten. Ausgewogener Geschmack mit kräftigen Tanninen. Ein traditioneller Vino Nobile.

Der Ritter und der adlige Wein

„Il più antico, più famoso“, lautet der Wahlspruch der Tenuta S. Agnese des Cavaliere Giuseppe Fanetti. Seinen Adelstitel könnte man mit „Ritter“ übersetzten. Fanetti ist ein überzeugter Anhänger des traditionellen Vino Nobile di Montepulciano, des adligen

Weins, so die wörtliche Übersetzung des Namens. Der traditionelle Vino Nobile wird aus der Sangiovese-Traube Prugnolo Gentile gekeltert – plus einer Beigabe von maximal zehn Prozent weißen Trauben. Was auch die etwas hellere Farbe des klassischen Vino Nobile gegenüber den dunklen Weinen der Erneuerer erklärt.
Man sollte am besten mit Cavaliere Fanetti nicht über die Machart seines Vino Nobile di Montepulciano diskutieren. Denn die Familie gilt als so etwas wie der Erfinder dieses Weins, zumindest als sein Neuentdecker. Zwar war der Vino Nobile im 19. Jahrhundert schon ein Begriff, doch irgendwie geriet der Wein in Vergessenheit. Bis ihn Adamo Fanetti wieder einführte. Er war mit der Tochter des Landbesitzers verheiratet, dem die Tenuta S. Agnese gehörte. Adamo Fanetti verbesserte den Wein seines Schwiegervaters und füllte ihn in Flaschen ab. Um 1930 nahm er mit seinen „neuen" Vino Nobile an großen Degustationen teil – und wurde so ein berühmter Mann. Sein Sohn Giuseppe setzt heute sein Lebenswerk fort.
Der klassische Vino Nobile reift in großen Fässern, vornehmlich aus Kastanienholz, die Modernisierer bauen ihn zunehmend in Barriques aus. Cavaliere Fanetti ist ein leidenschaftlicher Verfechter der Tradition. Und doch keltert er einen reinsortigen, konzentrierten Prugnolo Gentile – und verkauft ihn als Tafelwein Principesco. Und er hat sich Barriques zugelegt, in denen er den Vin de Sasso, einen „ortsfremden" Cabernet Sauvignon, ausbaut. Trotz aller Unkenrufe: Es tut sich etwas auf der Tenuta S. Agnese.

Weitere Produkte

Olivenöl extravergine, Grappa di Vino Nobile.

VILLA SANT'ANNA

Besitzer: Familie Fabroni
Via della Resistenza 143, 53040 Abbadia di Montepulciano
Tel. 0578/70 80 17; Besuch vorher anmelden

Gesamtqualität: ★★
Rebfläche: 12 ha
Jährliche Abfüllung: 60.000
Preisniveau: 2–5

Der Spitzenwein

Il Vallone★★

Andere Weine

Vino Nobile di Montepulciano★★
Rosso di Montepulciano★
Chianti Colli Senesi★
Vin Santo★

Ausbau des Spitzenweins

Il Vallone reift nach der Gärung 15 Monate in französischen Barriques. Nach der Abfüllung ein Jahr Flaschenlager.

Stil des Spitzenweins

Ausnahmsweise ist der Il Vallone kein Vino Nobile, obwohl er durchaus den Rang eines Spitzenweins verdient. Der Il Vallone hat den Betrieb bis weit über die Grenzen von Montepulciano hinaus bekannt gemacht. Die kontinuierlich gleichbleibende hohe Qualität ist sein Verdienst. Zum Wein selbst: dunkles, glänzendes Rubin und ein köstliches Bouquet nach schwarzen Kirschen, Brombeeren und Pflaumen. Dezenter Hauch von Vanille. Satter, runder Geschmack, fleischig und doch nicht zu üppig, sanfte Tannine, ein entspannender Nachhall.

Frauenpower in Montepulciano

Villa Sant'Anna – Nomen est omen. Dem Namen der Schutzpatronin entsprechend haben drei Frauen auf dem Weingut das Sagen, auch in der aufgeschlossenen Toskana eine Seltenheit. Das „women team" von Villa Sant' Anna: Simone Ruggeri und ihre Töchter Anna und Margherita. Signora Ruggeri hat den Betrieb von mütterlicher Seite geerbt. 1989 begann sie, ihren eigenen Wein zu erzeugen, abzufüllen und zu vermarkten. Ihr Engagement für den Wein übertrug sich auf ihre Kinder. Tochter Anna, eine Juristin, kümmert sich mittlerweile um die Produktion. Sie hat sich im wahrsten Sinn des Wortes in den Wein verliebt: Ehemann Frederico Carletti ist der Chef des Montepulciano-Renommierguts Poliziano. Und Margherita, die Jüngste, hat gleich Nägel mit Köpfen gemacht und Önologie studiert.

Die Qualität und Begehrtheit der Weinc von Villa Sant'Anna haben der Konkurrenz gehörigen Respekt eingeflößt. Neben dem Tafelwein Vallone ist vor allem der Vino Nobile zu erwähnen, ein feiner Wein der traditionellen Art.

Der Drei-Frauen-Betrieb hat nur noch eine männliche Unterstützung: die des Önologen Andrea Mazzoni, der sich um den Keller kümmert. Die Weine sind außer in Italien noch in den USA, in Deutschland und vornehmlich in der Schweiz außerordentlich beliebt.

Weiteres Produkt

Olivenöl extravergine.

Tenuta Trerose

Besitzer: Apotheken-und Pharmagruppe Tenimenti Angelini
Villa Belvedere, Fraz. Valiano, 53040 Montepulciano, Tel. 0578/72 40 18
Besuch vorher anmelden

Gesamtqualität: ★★
Rebfläche: 60 ha
Jährliche Abfüllung: 250.000
Preisniveau: 2–5

Die Spitzenweine

Vino Nobile di Montepulciano Riserva★★
Vino Nobile di Montepulciano La Villa★★

Andere Weine

Vino Nobile di Montepulciano Simposio★
Vino Nobile di Montepulciano★
Rosso di Montepulciano★
Busillis★
Flauto (weiß)
Renaio★ (weiß)
Liuto (weiß)
Vin Santo★

Ausbau der Spitzenweine

In traditionellen Holzfässern aus slawonischer Eiche und französischen Barriques aus neuem Holz.

Stil der Spitzenweine

Der Vino Nobile di Montepulciano offenbart im Bouquet vollreife Brombeeren und Kirschen, auch Aromen von gerösteten Nüssen. Schokoladige Geschmackskomponenten, feine Tannine, vornehmer Abgang mit langem Nachhall. All diese Geschmackskriterien gelten auch für den Vino Nobile La Villa: ein samtiger, bisweilen sogar sinnlicher Wein.

Der Aufstieg der letzten Jahre

Dieses große Gut der Apothekengruppe Angelini ist einer der aufstrebenden Betriebe von Montepulciano. Hauptrebe ist Sangiovese. Daneben hat die Kellerei auch Chardonnay, Voignier, Sauvignon, Cabernet und Syrah angepflanzt. Mag sein, daß der eine oder andere traditionsbewußte Kunde dem Wein alten Stils nachtrauert, der ausschließlich in großen Fässern aus slowenischer Eiche ausgebaut wurde. Doch haben die Weine der letzten Jahre eindeutig den Aufstieg des Gutes geprägt. Sie sind eleganter und runder geworden.

Ein Deutscher als Berater

Das Engagement des deutschen Önologen Dr. Rainer Zierock als Berater ist sicherlich einer der Hauptfaktoren für den kontinuierlichen Qualitätsanstieg der Tenuta Trerose. Zierock genießt seit seiner Zeit an der Weinbauhochschule von San Michele (Trentino) in Italien einen hervorragenden Ruf, der zudem durch die (mittlerweile geschiedene) Ehe mit der Trentiner Winzerin Elizabetta Foradori geradezu legendär wurde. Auf der Azienda Foradori (Mezzolombardo) kreierte er u.a. den ebenso legendären Teroldego „Granato". Zierock führte auch in der Toskana die kleinen französischen Eichenfässer ein, eine Investition, die sich immer mehr bezahlt macht. Waren die ersten Weine im Duft noch von einem deutlichen Holzton überlagert (vor allem der '93er Vino Nobile Simposio), so haben die Riservas deutlich an Klasse gewonnen: eindeutig Montepulciano-Weine der Oberklasse, wenn nicht der ersten Garde. Erfreulich auch die Sangiovese-Komposition La Villa. Ein klassisch-eleganter Vino Nobile mit fruchtigem Bouquet und langem Abgang. Der einfache Nobile – ein Geheimtip dieses Hauses. Keine große Oper, doch ein runder, saftiger, sehr gelungener Wein, der bei jedem Schluck Freude macht.

Die Weißen von Trerose

Überzeugend auch die Weißweine, die ebenfalls die aufstrebende Tendenz des Hauses bestätigen. Besonders gelungen sind die Sauvignons (Flauto) und Chardonnays (Salterio), im Barrique vergoren und bis zu zehn Monate gereift. In Stahltanks reift der frische Renaio, eine weiße Cuvée aus Chardonnay und Trebbiano.

Weitere Produkte

Olivenöl extravergine, Grappe.

Besonderheiten

Mehrere Gästehäuser können gemietet werden; Cantina mit Regionalküche.

TENUTA VALDIPIATTA

Besitzer: Giulio Caporali
Via Ciarliana, 25/A, 53040 Montepulciano, Tel. 0578/75 79 30
Verkauf: Mo–Fr 9–18 Uhr, Sa nach Vereinbarung

Gesamtqualität: ★★
Rebfläche: 24 ha
Jährliche Abfüllung: 100.000
Preisniveau: 2–4

Der Spitzenwein

Vino Nobile di Montepulciano Riserva★★

Andere Weine

Vino Nobile di Montepulciano★★
Rosso di Montepulciano★
Trefonti★★
Il Nibbiano★ (weiß)

Ausbau des Spitzenweins

Der Vino Nobile Riserva reift drei Jahre in Großfässern aus slawonischer Eiche, ein kleinerer Teil wird in französischen Tonneaux (500 l) ausgebaut. Nach der Abfüllung mindestens ein Jahr Flaschenlager.

Stil des Spitzenweins

Die Riserva, der Spitzenwein der Tenuta, wird in manchen Jahren vom „aktuellen“ Vino Nobile übertroffen. Der Jahrgang entscheidet über die erste Position. Grundsätzlich gilt für die Riserva: sattes Rubin und betörendes Sommerbouquet von Weichseln und Schattenmorellen. Delikater Geschmack mit einem balsamischen Akzent von Kaffee und Schokolade, zartsüßer Schmelz und milde Tannine.

Ein Keller im Tuffstein

Seit 1990 leitet Giulio Caporali das in den frühen 70er Jahren entstandene Weingut Lauretta Bernini, die Frau an seiner Seite, ist Agrarwissenschaftlerin. Beratender Önologe ist Paolo Vagaggini. Der Chef und Besitzer des Anwesens hat sich von Anfang an mächtig engagiert. Für seine Weinberge wählte er die Klone des Prugnolo Gentile, die sich durch beste Forschungsergebnisse des Konsortiums Vino Nobile di Montepulciano empfohlen haben. Er ließ einen neuen Keller in Form eines Tunnels tief in den Tuffstein graben.

Diese naturkühle Höhle, das Herzstück des Betriebs, wurde mit neuen großen Weinfässern aus slawonischem Eichenholz bestückt, aber auch mit Barriques, denn Giulio Caporali führte auch behutsam Neuerungen bei der Vinifikation ein. Ein Teil des Vino Nobile wird in kleinen französischen Eichenholzfässern ausgebaut. Nur in Barriques reift der Trefonti, ein ausgezeichneter, gehobener Tafelwein aus Prugnolo, Cabernet Sauvignon und Canaiolo. Diese Cuvée verspricht ein gutes Reifepotential.

Mittlerweile hat die Caporali-Familie ein modernes Anwesen mit neuen Wirtschaftsräumen gebaut. Jetzt hat man endlich Platz genug, um die Weine, die besonders in der Schweiz sehr beliebt sind, zu erzeugen.

Weitere Produkte

Olivenöl, Grappa.

Besonderheiten

Stilvolle Probierstube im Keller. Weinfreunde sollten unbedingt auch das traditionelle Caffé Poliziano in Montepulciano, das ebenfalls Giulio Caporali gehört, besuchen, Tel. 0578/75 86 15.

Das Bauernhaus von Valdipiatta kann gemietet werden.

Maremma

Vignaiolo Erik Banti

Besitzer: Erik Banti
Loc. Fosso dei Mulini, 58054 Scansano (GR), Tel. 0564/50 80 06
Besuch und Verkauf ab Gut, nach Anmeldung

Gesamtqualität: ★★
Rebfläche: 18 ha
Jährliche Abfüllung: 50.000
Preisniveau: 1–3

Die Spitzenweine

Aquilaia★★
Ciabatta★★

Andere Weine

C'arato★
Auroprimo★
Morellino di Scansano★
Morellino di Scansano Riserva★

Ausbau der Spitzenweine

Der Aquilaia wie auch der Ciabatta werden in neuen Barriques ausgebaut, wo sie bis zu 13 Monate gelagert werden.

Stil der Spitzenweine

Der Aquilaia, ein Wein aus der Morellino-Traube, wie in dieser Region der Sangiovese heißt, mit etwas Grenache (25 Prozent) ist ein ausgewogenes, elegantes Produkt, in dessen Fruchttöne die Tannine und das Holz der neues Barriques sehr schön eingearbeitet sind. Das gilt auch für den Ciabatta aus 100 Prozent Sangiovese mit seiner wunderbaren Kirschnote.

Die Weine des Wikingers

Erik Banti wird in der Maremma, zu der das Gebiet des Morellino di Scansano gehört, oft respektvoll

„Wikinger" genannt. Vielleicht deswegen, weil er jahrelang zur See gefahren ist?
Er hat überhaupt viel gemacht in seinem Leben. Zunächst studierte Banti Wirtschaftswissenschaften und interessierte sich für Automobilsport und Golf, wo er mehrere italienische Titel errang. 1967 eröffnete er in Rom ein Fotostudio für Mode, Werbung, Kunst und Reportage. Zu seinen Auftraggebern gehörten u.a. das Modemagazin „Vogue", der Öl-Konzern Esso, Olivetti sowie das US-Magazin „National Geographic". Banti bereiste die Welt, z.B. 1972 die Malediven und Bali, fotografierte am Titicaca-See. Neben all diesen Tätigkeiten interessierte er sich stets für Wein, sammelte selbst wertvolle Flaschen. 1978 baute er ein mittelalterliches Wochenendhaus in Montemerano zu einem Restaurant um, in dem er auch eigenen Wein ausschenkte. Und 1981 präsentierte er sein erstes eigenes Etikett für seinen ersten Jahrgang. Es war der Anfang eines Morellino-Spezialisten, der Jahr für Jahr bessere Weine auf die Flasche bringen sollte.
Seine Spitzenweine zählen zu den großen Vini da Tavola der Toskana. Es sind substanzreiche, charaktervolle Gewächse mit einer gelungenen Balance zwischen Frucht und den Rösttönen der neuen Barriques, deren Verwendung der Winzer immer bes-

ser beherrscht. Dieses etwas abseits liegende milde Anbaugebiet, das klimatisch vom Meer beeinflußt wird, hat durch Weine wie die von Erik Banti eine deutliche Aufwertung erfahren. Außerdem besteht im Vergleich zu Montalcino ein überaus günstiges Preis-Leistungs-Verhältnis.

Weiteres Produkt
Grappa.

Azienda Harald Bremer Podere San Michele

Besitzer: Harald Bremer
Podere San Michele, Loc. Vetulonia, 58040 Castiglione della Pescaia
Tel. 0564/93 90 60; Besuch nur nach telefonischer Vereinbarung

Gesamtqualität: ★
Rebfläche: 1,6 ha
Jährliche Abfüllung: 5.000–6.000
Preisniveau: 2–4

Der Spitzenwein

Vetluna Cabernet Sauvignon★★

Andere Weine

Vetluna Riserva★

Ausbau des Spitzenweins

Der Vetluna Cabernet Sauvignon lagert bis zu 18 Monate in 500-Liter-Tonneaux. Danach mindestens 6 Monate Flaschenlager.

Stil des Spitzenweins

Ein Super Tuscan von internationalem Rang: konzentrierte Frucht mit sehr schöner Brombeernote, abgestimmte Tannine und ein großer, eleganter Nachhall.

Experimente mit Barbera

1973 erwarb der Braunschweiger Harald Bremer in der südlichen Maremma den Podere San Michele und legte dort einen Weinberg an. Jahrelang experimentierte er mit verschiedenen Rebsorten z.B. mit dem Barbera, der dem Sangiovese zu einer besseren Säurestruktur verhelfen sollte. Schließlich setzten Bremer und sein Sohn Bodo, der sich mittlerweile um das kleine

Gut kümmert, auch Cabernet Sauvignon, mit dem sie schöne Ergebnisse erzielten.
Bremer hatte lange Zeit gezögert, Cabernet Sauvignon anzupflanzen, da sie ihm als reine Moderebe erschien, die einfach nicht nach Italien gehört. Dann aber sah er, wie die Trauben nach heftigen Septemberregen der Fäulnis widerstanden und gesund blieben. Ein weiterer Grund, der für die französische Rebe sprach, war die Tatsache, daß die beiden besten (und teuersten) Cabernet-Sauvignon-Weine – Sassicaia und Ornellaia – ebenfalls aus der Maremma stammen, kaum 50 Kilometer nördlich von Harald Bremers Besitz. Es gibt kaum nennenswerte Unterschiede bei den Bodenverhältnissen sowie im Mikroklima. Also müßte Cabernet Sauvignon auch zu ähnlichen Ergebnissen im eigenen Weingut führen. Deshalb entschloß sich der Braunschweiger, doch einige Zeilen aufzupfropfen. Der Wein, den Bremer aus Cabernet Sauvignon keltert und ausbaut, stammt aus niedrigen Erträgen von 30 Hektolitern pro Hektar. Auf der Vinitaly 1998 wurde dieses Gewächs von der Kritik begeistert aufgenommen. Freilich ist der Wein sehr rar.
Auch auf seine Vetluna Riserva ist der Deutsche stolz. Ein gut strukturierter Roter mit konzentrierter Frucht und ausgewogenen Tanninen.

Den Wein des Gutes vertreibt Harald Bremer selbst mit einem italienischen Weinimport, der eigens für San Michele gegründet wurde.

Weitere Produkte

Olivenöl extravergine.
Über seinen Weinhandel vertreibt Harald Bremer ein großes Angebot von ausgezeichneten italienischen Lebensmitteln, z.B. Würste, Käse, Pasta, eingelegte Steinpilze, Kaffee, Honig usw.

Besonderheiten

Jeden Herbst findet ein Fest der Erntehelfer statt.

PODERE GRATTAMACCO

Besitzer: Piermario Meletti Cavallari
Loc. Grattamacco, 57022 Castagneto Carducci, Tel. 0565/76 38 40
Besuch nur nach Voranmeldung

Gesamtqualität: ★★
Rebfläche: 9 ha
Jährliche Abfüllung: 45.000
Preisniveau: 2–6

Der Spitzenwein

Bolgheri Superiore Grattamacco★★

Andere Weine

Bolgheri Bianco Grattamacco★★ (weiß)

Ausbau des Spitzenweins

Nach der Gärung in offenen Holzbottichen kommt der Wein für 12 Monate in Barriques und anschließend für ein Jahr ins Flaschenlager.

Stil des Spitzenweins

Das Spitzengewächs ist eine höchst gelungene Cuvée aus Sangiovese mit kleineren Anteilen von Cabernet Sauvignon und Merlot. Rubinrote Farbe mit Granatreflexen. Ein eleganter Wein mit zarten Fruchttönen.

Der Nachbar des Sassicaia

Wenn einer den Wein liebt und das Meer und Segelboote seine zweite große Leidenschaft sind, dann hat er bei Gründung eines neuen Weinguts kaum eine andere Wahl. So zog Piermario Meletti Cavallari aus der Lombardei an die Maremma-Küste – in eine geradezu magische Region.

In Sichtweite der berühmten Lagen von Sassicaia und Ornellaia bestellt er jetzt seine Weinberge. Das spornt an. Andererseits ist der Winzer viel zu klug und phantasiebegabt, um diese Super Tuscans einfach zu imitieren.

1977 hat er mit seiner Frau Paola das Gut gekauft. Der Händler wollte es seinerzeit wissen und einen eigenen Wein erzeugen. Lange hat er experimentiert – und schließlich seinen Weg gefunden. Zwar haben seine Weine noch ganz nicht die Dichte und Struktur der großen Nachbarn erreicht, doch Piermario Meletti Cavallari hat einen eigenen Typus kreiert, auf den er stolz sein kann: Weine mit Eleganz, Rückgrat und Frische.

Auch beim Weißwein bewies Piermario Meletti Cavallari ein gutes Händchen. Dabei „aktivierte" er die Vermentino-Traube, die in hauptsächlich in Ligurien und auf Sardinien kultiviert wird und durch gnadenlose Massenerträge in Verruf geraten war. Er wußte, wie gut und erfrischend ein „richtiger" Vermentino sein kann.

Das zeigt sich auch beim Weißwein: Der Bianco wird je zur Hälfte aus Trebbiano und Vermentino-Trauben, die hier im Meeresklima besonders gut gedeihen, gekeltert und teilweise in Barriques ausgebaut. Die Mischung ergibt einen delikaten, geschmeidigen Weißwein mit sinnlichen Fruchtnoten von Akazie, Honig, Melone, begleitet von einer duftigen Frische.

Besonders sympathisch an diesem Betrieb ist das klare, überschaubare Konzept. Auf Grattamacco werden zwei Weine erzeugt, zwei gelungene Gewächse, von denen jedes für sich steht. Hauptwein ist der Rossa – auch preislich. Beim einfacheren Bianco kommt aber auch viel Freude auf.

Weitere Produkte

Olivenöl extravergine, Grappa.

Besonderheiten

Agriturismo – Ferien auf dem Weingut.

Meleta

Besitzer: Dr. Erica Suter
Loc. Meleta, 58028 Roccatederighi, Tel. 0564/56 71 55
Besuch und Direktverkauf möglich

Gesamtqualität: ★★
Rebfläche: 8 ha
Jährliche Abfüllung: 100.000
Preisniveau: 2–4

Der Spitzenwein

Rosso della Rocca★★

Andere Weine

Pietrello★
Rocciciano★★ (Rosato)
Pietrello d'Oro★★
Massaio★★
Lucertolo★★ (weiß)
Bianco della Rocca★★ (weiß)
Vin Santo★★

Ausbau des Spitzenweins

Der Paradewein des Hauses wird bis zu 24 Monate lang in burgundischen Pièce-Fässern (Doppel-Barriques à 500 Liter) ausgebaut; danach geht er ein halbes Jahr ins Flaschenlager.

Stil des Spitzenweins

Ohne Zweifel ist der Rosso della Rocca zu den Super Tuscans zu zählen, die einen enormen Qualitätsaufschwung in der Maremma bewegt haben, auch wenn das Vorbild für diesen Wein weniger italienischer als französischer Herkunft ist: 45 Prozent Cabernet Sauvignon, 45 Prozent Merlot, 10 Prozent Sangiovese. Das ergibt in der Geschmacksrichtung einen satten Bordeaux-Wein mit toskanischem Einschlag: rubinrot, elegantes Bouquet von roten Früchten, nobler Geschmack und ein feines, langes Finish.

Weine vom Felsenbalkon

Wie ein Amphitheater thront der natürliche Felsenbalkon von Roccatederighi rund 500 Meter hoch über der Maremma. Bei klarer Sicht kann man von hier aus das Meer sehen. Ein markanter Ort, auch was die Erzeugung von erstklassigen Weinen betrifft. Hier oben produziert die Schweizerin Dr. Erica Suter, beraten vom Kult-Önologen Franco Bernabei, weiße und rote Gewächse, die durchaus eine Reise in diesen südwestlichen Teil der Toskana lohnen.

Das Sortiment ihrer Erzeugnisse beginnt beim Pietrello, einem einfachen, früh trinkreifen Sangiovese. In seiner Edelform – Pietrello d'Oro – kann er auch ein gehobenes Menü begleiten. Beachtenswert ist auch der Roccicano, ein feiner Rosato aus Sangiovese, der besonders in der Schweiz viele Freunde gefunden hat. Der Bianco della Rocca ist ein reinsortiger Chardonnay, geschmeidig, mit rassigen Zitrustönen, der ein Jahr im 2000-Liter-Faß und anschließend sechs Monate auf der Flasche reifte.

Zu einem weiteren großen Wein des Hauses kann sich der Massaio entwickeln, ein Merlot, der auf die gleiche Weise wie der Rosso della Rocca ausgebaut wurde. Für ihn sieht nicht nur Erica Suter eine große Zukunft. Die Schweizerin, die es einst durch geologische Studien in die Maremma verschlagen hat, hat nun eine Heimat als respektable Winzerin gefunden. Ihr Weingut gilt als einer der Schrittmacher in der Maremma.

Weitere Produkte

Olivenöl extravergine, Grappa. Zum Weingut gehört außerdem eine exklusive Traubenzucht, deren Früchte an Feinschmekker-Restaurants wie die Enoteca Pinchiorri in Florenz geliefert werden.

TENUTA DELL'ORNELLAIA

Besitzer: Marchese Lodovico Antinori
Via Bolgherese 191, 57020 Bolgheri, Tel. 0565/76 21 40
Besuch nur nach Anmeldung

Gesamtqualität: ★★★
Rebfläche: 70 ha
Jährliche Abfüllung: 250.000
Preisniveau: 6

Der Spitzenwein

Ornellaia★★★

Andere Weine

Masseto★★★
Le Volte★★
Poggio alla Gazze★★

Ausbau des Spitzenweins

Wird ausgebaut wie ein Spitzengewächs aus Bordeaux: bis zu 24 Monate in neuen Barriques. Danach zwölf Monate Flaschenlager.

Stil des Spitzenweins

Auch hier gelten die Maßstäbe des Bordelais: Der Ornellaia wurde aus Cabernet Sauvignon, Cabernet Franc und Merlot erzeugt – der klassische Verschnitt des Médoc. Ein seidiger, fast femininer Wein mit perfekt eingebundenen Tanninen.

Bordeaux an der Toskana-Küste?

Am Ornellaia scheiden sich oft die Geister. Kritiker behaupten, daß dieser Wein ein Designerprodukt sei, maßgeschneidert für internationale Bedürfnisse, einem Kalifornier oder Bordeaux wesentlich ähnlicher als einem italienischen Gewächs. Andererseits ist der Ornellaia ganz einfach ein großer Wein, sicherlich einer der größten, die in Italien erzeugt werden. Das ergeben regelmäßig Blindverkostungen, aus denen der Ornellaia häufig als strahlender Sieger hervorgeht.

Die Errichtung dieses Betriebs war ein Kraftakt ohnegleichen, mit einem riesigen Aufwand von Kapital und Knowhow. Lodovico Antinori, ein jüngerer Bruder von Antinori-Chef Piero Antinori, baute ab 1981 in Bolgheri in direkter Nachbarschaft zu seinem Cousin Marchese Incisa della Rochetta (Sassicaia) die Tenuta dell'Ornellaia auf: 70 Hektar Rebland auf einem Gelände, das klimatisch und von seiner geologischen Formation eine optimale Entwicklung der klassischen Bordeaux-Sorten Cabernet Sauvignon und Merlot bietet.

Beim Aufbau dieses Weinguts nach Bordelaiser Vorbild war der legendäre kalifornische Weinmacher André Tchelistcheff behilflich. Sein Nachfolger, der Ungar Tibor Gál, sowie Michel Rolland aus Bordeaux, einer der renommiertesten Önologen der Welt, gehören heute zum Beraterstab von Lodovico Antinori.

Die Spitzencuvée Ornellaia ist der bekannteste Wein des Hauses. Daneben werden angeboten: Le Volte (aus Sangiovese und Cabernet Sauvignon) und Poggio alla Gazze, ein Sauvignon Blanc. Möglicherweise wird der Masseto, der reinsortige Merlot des Hauses, den Ornellaia noch an Ruhm überflügeln. Er kommt aus einer Lage, die ähnliche Lehmböden wie die Topterroirs des Pomerol hat. Der Masseto dürfte auf Ornellaia der Wein der Zukunft sein. Ein Gewächs mit Profil und Anspruch, das auch die hartnäckigsten Kritiker verstummen läßt.

Weiteres Produkt

Grappa.

Le Pupille

Besitzer: Elisabetta Geppetti
Loc. Pereta, 58050 Magliano in Toscana, Tel. 0564/50 51 29
Verkauf werktags

Gesamtqualität: ★★
Rebfläche: 20 ha
Jährliche Abfüllung: 80.000
Preisniveau: 2–5

Der Spitzenwein

Morellino di Scansano Riserva★★

Andere Weine

Morellino di Scansano★
Saffredi★★
Salalto★★ (weiß)
Poggio Argentato★★ (weiß)
Vin Santo di Caratello★★

Ausbau des Spitzenweins

Der Morellino di Scansano Riserva reift in Barriques.

Stil des Spitzenweins

Dichtes Rubinrot und fülliges Bouquet von Kirschen, Pflaumen und schwarzen Beeren. Dazu kommen Aromen von Kaffee, Schokolade, Süßholz. Ein kraft- und schwungvoller Wein, der zur Spitze des Gebiets Morellino di Scansano gehört.

Köstlichkeiten aus Morellino-Trauben

Das wohl herausragende Gut des Anbaugebiets Morellino di Scansano wird seit 1988 von Elisabetta Geppetti geleitet, die mit einem Sohn des ehemaligen Eigentümers Alfredo Gentili verheiratet war. Die Hauptrebensorte des

Betriebs ist Morellino, wie in der Maremma der Sangiovese heißt. Aus ihm keltert Elisabetta Geppetti ihren Spitzenwein.

Der zweite große Wein von Le Pupille ist der Saffredi, eine Hommage an Alfredo Gentili: ein Cabernet Sauvignon mit Merlot, dessen Eleganz an einen gutgemachten Bordeaux erinnert. Beachtlich sind auch der neue Poggio Argentato, ein duftiger Weißwein aus Sauvignon Blanc und Traminer, sowie der Solato, ein ebenso exotischer wie köstlicher weißer Süßwein aus Sémilion (Haupttraube des Sauternes), Sauvignon Blanc und Gewürztraminer.

Man kann sagen, daß Elisabetta Geppetti, zweifelsohne eine ebenso elegante wie charmante Erscheinung, die Maremma-Weine, vor allem den Morellino di Scansano über die Grenzen Italiens hinaus bekannt gemacht hat. Le Pupille hat im Raum Grosetto als erstes Gut Qualitätsweinbau betrieben, die Erträge reduziert, Barriques für die herausragenden Weine eingesetzt – und die autochthone Rebe Morellino di Scansano ganz klar als Hauptsorte deklariert. Folglich wurde von Anfang an auf einen sortentypischen Wein gesetzt, der auch dem Klima und den Bodenverhältnissen dieser Landschaft entspricht. Natürlich ist die Maremma international bei weitem nicht so bekannt wie andere tos-

kanische Weinhochburgen (Chianti Classico, Montalcino etc.), doch sie wird ein Anbaugebiet der Zukunft sein; dieser Trend ist unübersehbar. Ein weiterer Vorteil: Die Preise stimmen größtenteils noch...

Weitere Produkte

Olivenöl extravergine, Grappa di Morellino delle Pupille.

Tenuta San Guido

Besitzer: Nicolò Incisa della Rocchetta
Loc. Capanne 27, 57020 Bolgheri, Tel. 0565/76 20 03
Kein Verkauf ab Weingut, Verkostung anmelden

Gesamtqualität: ★★★
Rebfläche: 50 ha
Jährliche Abfüllung: 150.000
Preisniveau: 6

Der Wein

Sassicaia★★★

Ausbau des Sassicaia

Nach einer 12- bis 14tägigen Fermentation und der anschließenden malolaktischen Gärung (biologischer Säureabbau) reift der Sassicaia 18 bis 22 Monate in bis zu 50 Prozent neuen Barriques. Nach der Abfüllung kommt der Wein ein Jahr lang ins Flaschenlager.

Stil des Sassicaia

Der typische Sassicaia eines guten Jahrgangs glänzt tief dunkelrubinrot mit violetten Reflexen. Das Bouquet wird anfangs bestimmt von Röstnoten und Tabak. Wenn der Wein einige Zeit belüftet wurde (dekantieren!), entfaltet er ein unglaublich vielschichtiges Aroma von roten Beeren, Cassis, Süßkirschen, Pflaumen, Kaffee und Vanille. Ebenso komplex ist der Geschmack: fleischige, konzentrierte Fruchtnoten, gepaart mit einer zarten Süße und perfekt eingebunden in noble Tannine. Ein Wein voller Harmonie, mit einem Reifepotential, das an einen großen Bordeaux erinnert.

Die Sassicaia-Saga

Der Sassicaia wird von zahlreichen Experten und Weinfreunden in aller Welt als der beste italienische Wein bewertet. Und doch ist er kein typisch italienisches Gewächs. Oft wird er als der „6. Grand Cru des Médoc" bezeichnet. Diese freundliche Umschreibung mag wie ein Werbeslogan klingen, doch sie ist zutreffend, denn eigentlich ist ein Sassicaia ein in Italien erzeugter Bordeaux – mit allen Mythen und Legenden, die einen großen Wein umgeben.

Seine Entstehung ist dem privaten Faible eines passionierten Bordeaux-Liebhabers zu verdanken. Mario Incisa della Rocchetta, ein Adelssproß aus dem Piemont, war in den 30er Jahren an die toskanische Küste übergesiedelt, wo er in Bolgheri Weinberge für den eigenen Konsum anlegte. Nicht der damals übliche italienische Wein sollte es sein, sondern ein Gewächs, vergleichbar einem Château Margaux. Er ließ Cabernet Sauvignon pflanzen, Bordelaiser Reben, die im Küstenklima prächtig gediehen. Der sortenreine Wein schmeckte nach langer Lagerzeit immer besser – wie ein großer Bordeaux.

Zu Beginn der 70er Jahre begann man, den Sassicaia zu vermarkten – mit Hilfe des Hauses Antinori. Piero Antinori, ein Neffe von Mario Incisa della Rocchetta und heute Chef dieses bedeutenden Weinhauses, stellte sein Vertriebsnetz zur Verfügung sowie seinen Önologen Giacomo Tachis. Die Blindverkostung durch den einflußreichen englischen Weinbuchautor Hugh Johnson, bei der der damals völlig unbekannte Sassicaia die Premier Grand Crus des Médoc in den Schatten stellte, war schließlich der Beginn eines weltweiten Erfolgs.

Seit Marios Tod leitet sein Sohn Nicolò Incisa della Rocchetta das Weingut, unterstützt von Giacomo Tachis. Beide haben ein hohes Marketingziel erreicht: Sassicaia, einen perfekten Wein, edel und unverwechselbar – in Geschmack und Preis. Die Kriterien dieser Qualität: sorgfältigste Weinbergsarbeit in den drei Lagen „Castiglioncello", „Sassicaia" und „Aianova"; niedrige Hektarerträge, penibelste Kellerarbeit, beste Barriques. Inzwischen hat man eine kleine Korrektur vorgenommen: Der moderne Sassicaia wird aus Cabernet Sauvignon *und* Cabernet Franc erzeugt.

Weiteres Produkt

Olivenöl extravergine.

Besonderheiten

Die Pferdezucht von Sassicaia war früher berühmter als der Wein. Mario Incisa della Rocchetta, der „Vater" des Sassicaia, war ein großer Pferdezüchter. Ihm gehörte „Ribot", ein legendäres Rennpferd.

Sonstige Anbaugebiete

Villa la Selva

Besitzer: Sergio Carpini
Loc. Montebenichi, 52021 Bucine, Tel. 055/99 82 03
Verkauf: Mo–Fr 9–12 und 14–18 Uhr, Sa 9–12 Uhr,
So nur nach Vereinbarung

Gesamtqualität: ★★
Rebfläche: 27 ha
Jährliche Abfüllung: 100.000
Preisniveau: 2–6

Der Spitzenwein
Selvamaggio★★

Andere Weine
Felciaia★★
Chianti
Anna dei Fiori★ (weiß)
Fiore de Luna★ (Vin Santo)
Vigna del Papa (Vin Santo)
Spumante Brut Frà Giovanni★

Ausbau des Spitzenweins
Nach der Gärung reift der Wein 12 bis 14 Monate in Barriques. Der Wein aus den besten Barriques geht dann noch für ein weiteres Jahr ins Flaschenlager.

Stil des Spitzenweins
Ein feiner Super Tuscan: 70 Prozent Cabernet Sauvignon, 30 Prozent Sangiovese. Das ergibt einen weichen, komplexen Wein mit fruchtigem Charakter. Reife, süße Tannine.

Weine wie eine elegante Frau
Die Villa la Selva geht auf die Medici zurück, die dieses in kühleren Gefilden liegende Anwesen während der heißen Sommermonate bewohnten. 1988 übernahm

der Designer und Textilfabrikant Sergio Carpini das Gut. Die bekannten Önologen Vittorio Fiore und Stefano Chioccioli halfen ihm, seine Ideen, was den Ausbau des Gutes betraf, umzusetzen. Carpini investierte kräftig in Weinberge und Keller, mit Erfolg: Der Betrieb erzeugt in schöner Regelmäßigkeit große Weine. Die klimatischen und geologischen Bedingungen sind günstig. Villa la Selva besitzt Weinberge, die an das Gebiet von Castelnuovo Berardenga im südlichen Chianti Classico angrenzen. Neben dem gelungenen Super Tuscan Selvamaggio hat Villa la Selva einen zweiten roten Vorzeigewein zu bieten: Felciaia, einen eleganten, reinsortigen Sangiovese, der bis zu 14 Monate im Barrique reift und ein delikates Bouquet von Veilchen und Pflaumen besitzt.

Auf der Suche nach einem großen toskanischen Weißwein hat Carpini einen Chardonnay kreiert, der sechs Monate im Barrique reift. Einen Wein, dem er feminine Eigenschaften zumißt: „Auf die gleiche elegante Weise, mit der eine schöne Frau ihre Kleider trägt, enthüllt dieser Wein das ganze Aromenspektrum der Chardonnay-Traube."

Der Vergleich mit dem eleganten Kleid einer schönen Frau ist auch optisch zulässig. Einige Weine zieren animierende Blumenetikette, deren Design auf einen professionellen Künstler schließen läßt. Wie schön, daß diese hübsche Verpackung auch mit der Qualität des Inhalts übereinstimmt.

Weitere Produkte

Spumante (Sekt), Olivenöl extra-vergine.

Capezzana

Besitzer: Die Grafen Contini Bonacossi
Loc. Seano, Via Capezzana 100, 50042 Carmignano, Tel. 055/870 60 05
Besuch nach Anmeldung

Gesamtqualität: ★★
Rebfläche: 100 ha
Jährliche Abfüllung: 500.000
Preisniveau: 1–3

Der Spitzenwein

Villa di Capezzana★★

Andere Weine

Barco Reale★★
Ghiaie della Furba★
Vin Santo★★

Ausbau des Spitzenweins

Der Spitzen-Riserva des Hauses kommt für 14 bis 18 Monate ins Eichenholzfaß und dann etliche Monate ins Flaschenlager.

Stil des Spitzenweins

Eine elegante, fast aristokratische Sangiovese-Riserva mit filigranen Fruchttönen und schmusigem Finish.

Besonders steiniges Terroir

Capezzana, das Traditionsgut, liegt in der Anbauzone Carmignano, etwa dreißig Kilometer nordwestlich von Florenz. Wie einige Funde aus der Zeit der Etrusker bezeugen, hat man in dieser uralten Kulturlandschaft 3.000 Jahre alte Beweise für den Weinbau im späteren Carmignano gefunden. Ganz so alt ist Capezzano nicht. Seine erste urkundliche Erwähnung – im Zusammenhang mit Wein und Oli-

venöl – stammt aus dem Jahr 803. Das erste Dokument, in dem ein „Carmignano“ als Wein erwähnt wird, stammt von 1396; es wird im berühmten Archiv von Prato aufbewahrt.
Die heutigen Gebäude von Capezzana gehen auf das 16. Jahrhundert zurück. Die Villa wurde für ein männliches Familienmitglied der Medici gebaut, das die Marchesa di Cantucci heiratete. Durch Erbfolge kam das Gut schließlich in den Besitz der Adelsfamilie Contini Bonacossi, die das Unternehmen noch heute leitet.
Neben dem Spitzenwein Villa di Capezzana ragen aus dem Angebot der Barco Reale sowie ein besonders feiner Vin Santo heraus. Die Cuvée Ghiaie della Furba, ein bordeauxähnlicher Verschnitt aus Cabernet Sauvignon, Cabernet Franc und Merlot, wird mittlerweile von Vittorio Bonacossi eigenständig betreut.
Zu den Besonderheiten von Capezzano gehört die felsige Struktur des Bodens, auf dem die Sangiovese-Rebe sich besonders wohl zu fühlen scheint. Es ist ebenso bezeichnend wie amüsant, wie Francesco Redi 1673 in seinem Genießerwerk „Bacchus in Toscana“ vom „steinigsten“ der „ohnehin schon sehr steinigen Weinberge der Toskana“ schwärmt. Auch er wußte: Auf dieser kargen Erde, eigentlich ein Fluch für die Landwirtschaft, kann Großes wachsen.

Weitere Produkte

Olivenöl extravergine, Grappa di Capezzana.

Il Poggiolo di Carmignano

Besitzer: Giuseppe Cianchi
Via Pistoiese 90, 50042 Carmignano, Tel. 055/871 12 52
Verkauf: Mo–Fr 8–12 und 14–17 Uhr

Gesamtqualität: ★
Rebfläche: 32 ha
Jährliche Abfüllung: 150.000
Preisniveau: 1–4

Der Spitzenwein

Carmignano★★

Andere Weine

Il Poggiolo Rosso★
Barco Reale★
Vin Ruspo★ (Rosé)
Lacrime di Cantina★
Vin Santo★★

Ausbau des Spitzenweins

Der Carmignano wird auf traditionelle Weise in Fässern aus Eichen- und Kastanienholz gelagert; nach der Abfüllung geht er mindestens sechs Monate ins Flaschenlager.

Stil des Spitzenweins

Ein klassischer Carmignano, für den man den modischen Begriff Tafelwein nicht verwenden sollte, obwohl er de facto einer ist: Sangiovese mit Canaiolo – und Cabernet Sauvignon. Doch diese Cuvée ist der einzige Toskana-Wein, der seit dem 16. Jahrhundert einen Anteil Cabernet hat. Damals ließ Katharina von Medici, nachdem sie Königin von Frankreich geworden war, diese französischen Reben in Carmignano anpflanzen. Der Carmi-

gnano von Il Poggiolo hat eine rubinrote Farbe und ein reiches Bouquet von Frucht- und Gewürztönen. Ein ausgeglichener, eleganter Wein mit guter Lagerfähigkeit. Keine große Oper, sondern ein süffiger Tropfen, wie man ihn gern mit Freunden auf der Terrasse trinkt.

Wein wie vor zweihundert Jahren

Die Conti Cianchi Baldazzi haben sich wie andere alte Adelsfamilien unumstrittene Verdienste um den Weinbau in der Toskana erworben. Dabei haben sich die Besitzer des Weinguts Il Poggiolo nicht von Marketingtrends verleiten lassen. Sie setzen auf Tradition – und auf saubere, reintönige Weine. Bereits 1716 wurden die Normen für den „Carmignano" festgelegt. Nach dieser Verordnung wird noch heute auf Poggiolo gearbeitet.

Die erste offizielle Anerkennung erfuhr der Carmignano von Il Poggiolo 1910 und 1911 auf italienischen Weinmessen.

Der Betrieb hat sich der Tradition verpflichtet. Die Trauben werden nach wie vor per Hand gelesen, der Wein lagert in großen Fässern, in denen saubere Weine mit Charakter reifen.

Erwähnenswert ist auch der Vin Santo des Hauses, ein goldener Nektar von cremiger Süße. Und: Es gibt sie noch, die bauchige Chianti-Flasche im Bastkörbchen, ein Relikt aus den 50er und 60er Jahren, als solche Massenweine den Ruf der Toskana ruinierten. Den von Poggiolo kann man sogar trinken.

Weiteres Produkt

Olivenöl extravergine.

Marchesi Antinori

Besitzer: Piero Antinori
Palazzo Antinori, Piazza degli Antinori 3, 51125 Firenze
Tel. 055/2 35 95; Besuche nicht möglich

Gesamtqualität: ★★★
Rebfläche: ca. 950 ha
Jährliche Abfüllung:
ca. 12 Mio.
Preisniveau: 1–6

Die Spitzenweine

Tignanello★★★
Solaia★★★
Chianti Classico Riserva
Badia a Passignano★★
Villa Antinori Riserva★★
Tenute Marchesi Antinori
Classico Riserva★★

Andere Weine

Santa Cristina★
Pèppoli Chianti Classico★
La Braccesca Vino Nobile
di Montepulciano★
Rosso di Montepulciano
Brunello di Montalchine
Scalabrone★★ (Rosé)
Guada al Tasso★
Vermentino di Bolgheri
Galestro (weiß)
Vin Santo
Tenute Marchese Antinori★

Ausbau der Spitzenweine

Seit 1993 erfolgt die alkoholische Gärung in den gleichen Gärbehältern aus Eichenholz, wie sie auch auf Château Léoville-Las Cases, Château Mouton Rothschild und dem burgundischen Renommiergut Domaine Leroy (Romanée St-Vivant, Richebourg usw.) verwendet werden. Ausbau in neuen französischen Barriques.

Stil der Spitzenweine Tignanello und Solaia

Tignanello: purpurviolette Cuvée aus überwiegend Sangiovese mit einem geringeren Anteil von Cabernet Sauvignon. Außergewöhnlich kraftvoller, aber gleichzeitig auch eleganter, perfekt ausbalancierter Wein mit einem betörenden Bouquet von schwarzen Beeren und Schokolade.
Solaia: ein Tignanello „spiegelverkehrt", Cabernet Sauvignon mit einem kleinen Anteil Sangiovese. Ein großer Wein mit Kirsch- und Cassisnoten im Bouquet und einem zarten Vanilleduft. Fester, fleischiger Körper mit perfekt eingebundenen Tanninen.

Antinori – Pionier in der Toskana

Das Haus Antinori, eine der großen Adelsfamilien von Florenz, betreibt Weinbau seit 1385. In jenem Jahr trat Giovanni di Pietro Antinori der Florentiner Weinhändlergilde bei – der Beginn einer großartigen Familiensaga. 26 Generationen später scheint das traditionsreiche Weinhaus auf dem Höhepunkt angelangt zu sein, wobei der Begriff Weinhaus ein wenig irreführend ist. Seit den frühen 70er Jahren hat es der derzeitige Chef und Inhaber Piero Antinori zu einem Familienunternehmen aufgebaut, das weit über die Grenzen Italiens hinaus bekannt ist und multinational agiert. Das betrifft

Joint-ventures in Kalifornien und Ungarn ebenso wie einen regen Erfahrungsaustausch mit den besten Weingütern der Welt. Global Player oder Traditionalist? Beides. Antinori ist mit seinen Weinen auf der ganzen Welt präsent, besitzt Weingüter in Piemont und in Umbrien, doch die Zukunft sieht der Marchese nach wie vor in der Toskana, wo die Familie seit vielen Jahrhunderten verwurzelt ist.
Seit Piero Antinori das Ruder übernommen hat, hat sich das Haus zu einem der entscheidenden Pioniere des Weinbaus in der Toskana entwickelt, der zu Be-

ginn der 70er Jahre noch in einer tiefen Krise steckte. Der Marchese hatte indes erkannt, daß nur strikte Qualität der Produkte dieser Situation abhelfen konnte. Und dazu gehört engagierte Arbeit im Weinberg wie im Keller: reduzierte Erträge, bestes Lesegut, schonende Vinifizierung in besten Fässern. Doch das alles war Pieri Antinori noch zu wenig: Er engagierte die erfahrensten Fachleute wie den italienischen Önologen Giacomo Tachis sowie als Berater Émile Peynaud, den Wein-Papst aus Bordeaux. Mit dem Jahrgang 1971 wurde der erste Tignanello aus dem Hause Antinori präsentiert, ein Toskana-Wein, der schlagartig großes Aufsehen erregte. Zum ersten Mal konnte ein Sangiovese bei Blindverkostungen mit den großen Crus aus Frankreich konkurrieren. Ab dem zweiten Jahrgang, 1975, erhielt der Tignanello durch die Beigabe von Cabernet Sauvignon eine vornehmere Note. Und schließlich brachte Antinori mit dem 1978er Solaia den zweiten Kultwein des Hauses auf den Markt: eine Cuvée von Cabernet Sauvignon mit etwas Sangiovese. Diese Pionierrolle, die die gesamte toskanische Weinregion im Qualitätsstreben beeinflußte, hat Antinori bis heute beibehalten, auch wenn die Konkurrenz wesentlich stärker geworden ist.

Das Wein-Imperium

Allein in der Toskana besitzt die Familie Antinori neben dem Hauptsitz in Florenz mittlerweile neun Güter, um die sich der Chefönologe Dr. Maurizio Angeletti zu kümmern hat:

Auf SANTA CRISTINA werden auf 140 Hektar Rebfläche neben den Edelweinen Tignanello und Solaia u. a. auch die bekannten Rotweine Santa Cristina, Villa Antinori Chianti Classico Riserva und Tenute Marchesi Antinori Chianti Classico Riserva erzeugt. Nur wenige Kilometer nordöstlich liegt die TENUTA DI PÈPPOLI (55 Hektar Rebfläche), von der hauptsächlich der Antinori Pèppoli Chianti Classico kommt. Drei Kilometer südlich von Santa Cristina befindet sich das ehemalige Kloster und renommierte Antinori-Gut BADIA PASSIGNANO, wo auf über 50 Hektar überwiegend Sangiovese-Reben neben einem kleinen Anteil von Syrah und Cabernet Sauvignon gepflanzt sind. Die Spezialitäten dieses Betriebs: Chianti Classico und Chianti Classico Riserva. In der Appellation Montepulciano besitzt Antinori die Güter LE MAESTRELLE (150 Hektar, die gerade mit Sangiovese, Merlot und Syrah neu bepflanzt werden) und LA BRACCESCA (78 Hektar). Letzteres erzeugt beachtliche Rossi di Montepulciano und einen exzellenten Vino Nobile. Seit 1995 besitzt die Familie auch die FATTORIA ALDOBRANDESCA im Grosseto (190 Hektar), wo Rotwein- und Weißweinreben gepflanzt sind. Sechs Kilometer südlich von Montalcino liegt das Gut PIAN DELLE VIGNE (182 Hektar), von dem Antinori im Jahr 2000 einen Brunello di Montalcino auf den Markt bringen will. Die TENUTA BELVEDERE in der Maremma ist eines der Prestigeobjekte von Pieri Antinori. Hier wachsen auf 120 Hektar Sangiovese, Cabernet Sauvignon, Merlot, Syrah, Canaiolo, die ligurische Weißweintraube Vermentino und kleinere Partien an Cabernet Franc, Sauvignon Blanc, Chardonnay und Trebbiano. Neben ambitionierten Weißweinen entstehen hier der köstliche Rosato (Rosé) Scalabrone und der Super Tuscan Guado al Tasso (Cabernet Sauvignon und Merlot). Und schließlich wäre noch MONTELORO, 15 km nordwestlich von Florenz zu nennen: 98 Hektar Rebfläche bis in eine Höhe von 488 Metern, überwiegend mit Chardonnay bepflanzt. Dort herrscht ein exzellentes Mikroklima für Weißweine, wie etwa den Villa Antinori Bianco oder den spritzig-süffigen Galestro.

Weitere Produkte

Marchese Antinori Nature Spumante (Sekt), Olivenöl extravergine, Grappa Tignanello.

Besonderheiten

Cantinetta Antinori
(Piazza degli Antinori, 3, Florenz, Tel. 055/29 22 34), eine stilvolle Mischung aus Bistro und Trattoria mit gehobener Küche und den Weinen des Hauses. Filialen in Wien (Tel. 0043/1/53 37 72 2) und Zürich (Tel. 0041/1/21 17 21 0).

Marchesi de' Frescobaldi

Besitzer: La Società della Marchesi de' Frescobaldi
Eigentümer: Dino, Vittorio, Maria, Ferdinando und Leonardo Frescobaldi
Präsident: Vittorio Frescobaldi, Vizepräsidenten: Ferdinando und Leonardo Frescobaldi
Palazzo Frescobaldi, Via Santo Spirito 11, 50125 Firenze
Tel. 055/2 71 41; Besuch nicht möglich

Gesamtqualität: ★
Gesamte Rebfläche: 780 ha
Jährliche Abfüllung: 6 Mio.
Preisniveau: 1–6

Die kommerzielle Weinreihe I Vigneti des Hauses Frescobaldi stammt vom Traubengut der Güter Rèmole, Gastiglioni, Montagnana, Valiano und Corte.
Die Spitzenprodukte des Hauses: siehe unter Castelgiocondo, S. 130; Luce, S. 138; Castello di Nipozzano, S. 222; Castello di Pomino, S. 224.

Die I-Vigneti-Weine

Rèmole
Pater – Sangiovese di Toscana
Nuove Fiore Vino Novello di Toscana
Rosa di Corte – Rosa di Toscana
Albizzia – Chardonnay/Trebbiano (weiß)
Gazebo – Galestro Bianco (weiß)
Nubis – Sauvignon/Trebbiano (weiß)
Vinsanto Frescobaldi★

Ausbau der Weine

Die Weine der kommerziellen Serie werden teils in Edelstahltanks, teils in großen Eichenholzgebinden ausgebaut. Der Sangiovese-Wein Pater liegt sechs Monate in Barriques, der

Vinsanto Frescobaldi (aus Trebbiano und Malvasia) sogar drei Jahre in kleinen Caratelli.

Stil der Spitzenweine

Mit Ausnahme des Vinsanto Frescobaldi handelt es sich um Weine, die durch ihren frischen, animierenden Stil bestechen. Sie sollten jung getrunken werden. Pater und Rèmole vertragen durchaus längere Lagerzeiten; sie haben einen angenehmen und nicht übertrieben fruchtigen Sangiovese-Charakter.

Der Adel des Weines

Die Frescobaldis gehören zu den großen Adelsfamilien von Florenz. Einer ihrer Vorfahren, Lamberto Frescobaldi, ließ 1252 die Brücke Ponte di Santa Trinità über den Arno bauen. Im Laufe der Jahrhunderte stellte das Haus Politiker, Bankiers und Künstler, wie den Dichter Dino Frescobaldi oder den Musiker und Komponisten Girolamo Frescobaldi. Die Familie ist untrennbar mit der Geschichte und Kultur von Florenz und der Toskana verbunden. Seit über 700 Jahren spielt bei Geschäftsaktivitäten der Frescobaldis der Weinbau eine zentrale Rolle. Bereits im 14. Jahrhundert belieferten sie den englischen Königshof. Der Einfluß der Familie wurde im 19. Jahrhundert durch Heirat erheblich verstärkt, als die Besitztümer der Frescobaldis und die des Florentiner Adelshauses Albizi zusammengelegt wurden. Von da ab gehörten die Frescobaldis auch zu den größten Grundstücksbesitzern der Toskana.

Die Expansion der Frescobaldis

Vittorio Frescobaldi führt die Geschäfte, unterstützt von seinen beiden Brüdern und Vize-Präsidenten Ferdinando (Weinproduktion) und Leonardo (Verkauf und Marketing). Der Betrieb, besser: der Konzern, ist fest in Familienhand, mittlerweile in der 30. Generation. Und dahinter wartet schon die nächste: Chefönologe des Hauses und für alle Güter zuständig ist Lamberto Frescobaldi. Auch Tiziana, Diana und Stefano Frescobaldi sind im Unternehmen, das über 150 Mitarbeiter beschäftigt, in leitenden Funktionen fest eingebunden.

Die Rebflächen werden ständig erweitert und teilweise neu bepflanzt. Ziel sind 1.000 Hektar, was vermutlich schon kurz nach dem Jahr 2000 erreicht sein wird. Insgesamt hat Frescobaldi neun Produktionsstätten, u. a. das ehrgeizige Joint-venture-Projekt Luce in Montalcino, das die Florentiner zusammen mit dem kalifornischen „Weinkönig" Mondavi betreiben.

Weitere Produkte

Extra Brut Frescobaldi (Sekt), Laudemio – Olivenöl extravergine, Grappa di Brunello.

Fattoria Lilliano

Besitzer: Familie Malenchini
Via Lilliano e Meoli 82, Antella, Tel. 055/64 26 02
Verkauf: Fr 15–19 Uhr, Sa 9–19 Uhr, sonst nach Vereinbarung

Gesamtqualität: ★
Rebfläche: 16 ha
Jährliche Abfüllung: 20.000
Preisniveau: 1–3

Der Spitzenwein

Bruzzico★★

Andere Weine

Chianti Colli Fiorentini★
Vinsanto★

Ausbau des Spitzenweins

Nach der Vergärung in Betontanks reift der Bruzzico 12 bis 15 Monate lang in in Großfässern mit einem Fassungsvermögen von 2.000 Litern.

Stil des Spitzenweins

Eine Cuvée von gleichen Teilen Cabernet Sauvignon und Sangiovese. Ein ausgewogener Wein mit schönen Extrakten und gut eingebundener Gerbsäure.

Die Story

Die Geschichte dieser Fattoria geht bis auf das 11. Jahrhundert zurück, als der Wehrturm, Kern des Anwesens, errichtet wurde. Einige Mitglieder der Familie Medici hatten hier, rund 15 Kilometer südlich des Florentiner Stadtzentrums, ihre Sommerresidenzen, u. a. Ferdinando II., der Granduca Cosimo III. und Kardinal Francesco Maria de' Medici. Nach einigen Besitzer-

wechseln erwarb 1830 die Familie Malenchini das Weingut, das jahrelang von Rechtsanwalt Alessandro Malenchini geleitet wurde. Dabei unterstützten ihn seine Frau Marina und Diletta, eine seiner Töchter. Dann, kurz vor Weihnachten 1999, die Tragödie: Alessandro Malenchini starb völlig unerwartet an einem Herzinfarkt. Jetzt leitet die Witwe das Gut.

Die Fattoria Lilliano ist ein Betrieb im traditionellen Stil. Die Weine lagern in historischem Ambiente in einem aus Stein gemauerten Reifekeller in Großfässern aus Kastanien- und Eichenholz. Sehenswert ist auch der Amphorenraum mit einer Sammlung antiker Tröge und Flaschen aus Terrakotta. Ein toskanisches Anwesen, das aus einem Bildband zu stammen scheint – und nach wie vor ein Insidertip für Individualisten, die ihren Wein gern selbst ab Gut kaufen.

Zu diesem sympathischen Ambiente passen auch die Weine des Hauses, die durchweg gelungen sind. Wer hier den großen Cru oder Super Tuscan erwartet, hat sich das verkehrte Weingut ausgesucht. Nach Lilliano kommen Leute, die sogenannte kleine Weine lieben. Weine, für den täglichen Gebrauch. Weine, die man auch nach vier Wochen oder einem halben Jahr nicht über hat. Auf Lilliano werden solche Weine, an die man sich gewöhnt, erzeugt. Und die man nicht mehr missen möchte – zumal auch der Preis stimmt.

Weitere Produkte

Olivenöl extravergine, Pasta di Olive, Weinessig, Limoncello, Honig, Konfitüre und im Sommer frische Pfirsiche und Aprikosen.

Tenuta Villa Ortaglia

Besitzer: Dieter Lange
Via San Jacopo 39, 50036 Pratolino, Tel. 055/40 91 36
Besuch nur nach Anmeldung

Gesamtqualität: ★★

Rebfläche: 7,5 ha

Jährliche Abfüllung: 22.000

Preisniveau: 2–3

Der Spitzenwein

Chardonnay Nr. 1★★

Andere Weine

Chardonnay★★
Sauvignon Blanc★★
Passito★ (weißer Dessertwein aus Muskattrauben)

Ausbau des Spitzenweins

Der Chardonnay Nr.1 wird in französischen Barriques ausgebaut.

Stil des Spitzenweins

Ein ausdrucksvoller Chardonnay mit einem Bouquet von Ananas und Pfirsich. Typische Geschmacksnoten von Grapefruit, Vanille und Butter, gepaart mit einer erfrischenden Säure. Rauchiger Abgang nach Burgunderart.

Die weiße Hochburg über Florenz

Die Tenuta Villa Ortaglia ist eine toskanische Rarität: Das Gut erzeugt (bislang) nur Weißwein. Dabei haben Weißweine in dieser Region eine lange Tradition. Im 13. und 14. Jahrhundert wurde um Florenz überwiegend Weißwein gekeltert. Auf Ortaglia hat man dieses Erbe wieder aufleben lassen.

Anwesen, Park, Rebhänge und Olivenhaine auf den Hügeln oberhalb von Florenz haben eine große kulturelle Vergangenheit. Die Medici flohen vor der Sommerhitze ihrer Residenzstadt am Arno in die Hügel von Pratolino. Hier oben weht auch im Juli und August ein kühlender Wind vom Apennin herunter, die Nächte sind angenehm frisch. Ab 1564 ließ Francesco I. de' Medici bei Pratolino einen Sommersitz mit Park, Brunnenanlagen und Skulpturen von einzigartiger Schönheit bauen. Noch heute gehört der „Gigante Apennino" zu den bedeutendsten Sehenswürdigkeiten von Florenz.

Die Villa Ortaglia war Teil dieser Anlage. Ende der 50er Jahre kam sie in Besitz eines deutschen Industriellen, der hier oben ein Weingut aufbaute.

1990 wechselte der Eigentümer erneut: Der Frankfurter und Londoner Wirtschaftsanwalt Dieter Lange erwarb Ortaglia. Er engagierte Dr. Maurizio Castelli, einen der führenden Önologen Italiens. Nach intensiven Untersuchungen von Boden und Klima entschied man sich für die Weißweinproduktion. Das Gelände ist dafür optimal geeignet. Die Weinberge liegen in etwa 500 Meter Höhe und sind großen Temperaturschwankungen zwischen Tag und Nacht ausgesetzt. Das bedeutet, daß Weißweine vernünftige Säurewerte bekommen. Sie werden – mit Ausnahme des Spitzenweins – ausschließlich im Edelstahltank ausgebaut; das bewahrt die ursprüngliche Frucht, was auch am Sauvignon Blanc des Hauses spürbar ist, einem sehr gelungenen Weißwein mit gelbgrünen Reflexen: Er besitzt ein vielschichtiges Bouquet mit Duftanklängen von Lindenblüten und Cassis. Blumige und für die Traubensorte typische, leicht grasige Geschmackskomponenten. Ein fruchtig mineralischer Wein mit belebender Säure und starkem Finish.

Auch die Tenuta Villa Ortaglia expandiert. Im Frühjahr 1999 wurden ca. fünf Hektar mit französischen Rotweinsorten bepflanzt. Voraussichtliche erste Ernte: 2002.

Weiteres Produkt

Olivenöl extravergine.

Besonderheiten

Zum Haus gehören stilvolle Ferien-Apartments mit Pools und einem wunderbaren Ausblick auf Florenz.

Fattoria Colle Verde

Besitzer: Francesca Pardini und Piero Tartagni
Loc. Castello, 55010 Matraia, Tel. 0583/40 22 56
Besuch vorher anmelden, Direktverkauf ab Gut möglich

Gesamtqualität: ★★
Rebfläche: 6 ha
Jährliche Abfüllung: 25.000
Preisniveau: 3

Der Spitzenwein

Brania delle Ghiandaie★★

Andere Weine

Brania del Cancello★★ (weiß)
Greco delle Gaggie (weiß)
Colline Lucchesi Bianco Terre di Matraja★

Ausbau des Spitzenweins

Der Brania delle Ghiandaie wird mindestens zwölf Monate im Barrique ausgebaut, bevor er noch für einige Monate ins Flaschenlager kommt.

Stil des Spitzenweins

Eine sehr gut komponierte Cuvée aus Sangiovese und zehn Prozent Syrah: Opulent die tiefrote, fast schwarzviolette Farbe, opulent auch das Bouquet von roten Beeren mit Tabak- und Holztönen. Ein mächtiger Wein mit einer delikaten süßen Spitze.

Muskelprotze aus dem Barrique

Die Weinbauregion um Lucca hat zwar eine uralte Tradition, ist aber heute den Weinliebhabern außerhalb Italiens kaum bekannt. Die Reben wachsen auf sandigen und steinigen Lehmbö-

den, das Landschaftsbild wird überwiegend von Olivenbäumen bestimmt. Ein stilles Land abseits der Touristenpfade. Die vorherrschende Rotweintraube ist der Sangiovese. Doch die Winzer dieser Appellation waren von alters her zu stolz, ihren Wein Chianti zu nennen. Sie waren eigenständig und hielten es nicht für nötig, auf einen Namen zurückzugreifen, der in anderen Region zur Berühmtheit geraten ist.
Weinfreunde, die diese Landschaft bereisen, haben meist ein Ziel: die Fattoria Colle Verde. Die beiden Besitzer Francesca Pardini und Piero Tartagni stammen aus Rom und fanden in der Toskana auf Colle Verde, dem grünen Hügel, ihr Paradies. Auch das Land dürfte sich über diesen sympathischen Zuzug freuen, denn die beiden bescheren der Toskana Jahr für Jahr prächtige Weine. Der andere Brania del Cancello ist ein Weißwein, eine exotische Mischung aus Chardonnay und Trebbiano, die im Barrique vergoren und ausgebaut wurde. Ebenfalls ein mächtiger, muskulöser Wein, der einige Jahre Flaschenreife vertragen dürfte. Eine weitere, köstliche Spezialität dieses Weinguts ist der Greco delle Gaggie, ein verführerischer Dessertwein, der wie flüssiges Gold im Glas steht. Er wurde aus spätgelesenen, zum Teil getrockneten Grechetto-Trauben gekeltert. Was der Greco mit den Griechen zu tun hat? Er schmeckt wie Nektar, ein Trank für die Götter.
Mit solchen Leistungen macht das Gut mehr und mehr auf sich aufmerksam, zumal auch die Preise (noch) stimmen.

Weiteres Produkt
Olivenöl extravergine.

FATTORIA BADIA DI MORRONA

Besitzer: Conti Gaslini Alberti
Via di Badia 8, 56030 Morrena, Tel. 0587/65 85 05
Besuch und Verkauf: Mo–Sa 9–12 und 14–18 Uhr

Gesamtqualität: ★
Rebfläche: 53 ha
Jährliche Abfüllung: 100.000
Preisniveau: 1–4

Der Spitzenwein

N'Antia★★

Andere Weine

Chianti Riserva★
Chianti Sodi del Paretaio★
Vigna Alta
San Torpé Il Felciaio (weiß)
La Suvera★ (weiß)
Vin Santo★

Ausbau des Spitzenweins

Nach der Gärung in Stahlbottichen kommt der Wein 15 Monate in Barriques. Anschließend ein Jahr Flaschenlager.

Stil des Spitzenweins

Den Namen hat der Wein vom gleichnamigen Weinberg. Ein eleganter Roter aus Sangiovese (60 Prozent) und Cabernet Sauvignon (40 Prozent) mit einem harmonischen Geschmacksverhältnis von schwarzen Früchten und reifen Tanninen.

Tradition und moderne Technik

Der Besuch der ehemaligen Abtei aus dem 11. Jahrhundert ist auch ein kunsthistorisches Erlebnis. Zum Anwesen gehört eine kleine romanische Kirche mit Apostel-

Fresken im Innenraum. Die Badia di Morrona ist ein aufstrebender Betrieb im pisanischen Hinterland. Ihr adliger Eigentümer ist stolz auf die glückliche Synthese zwischen einer liebevoll erhaltenen Tradition und der Anwendung modernster Technologie in der Weinherstellung.
In den hügeligen Weinbergen stehen in erster Linie Sangiovese-Reben (50 Prozent) und ein wenig Trebbiano (5 Prozent). Dann aber folgen schon die französischen Sorten Cabernet Sauvignon (30 Prozent), Merlot (10 Prozent) und Chardonnay (5 Prozent). Neben den angenehm fruchtigen Traditionsweinen des Hauses, dem Chianti Sodi del Paretaio und dem Vigna Alta (Sangiovese), werden auch ein frischer Toskana-Weißwein (San Torpé) aus Trebbiano, Malvasia und ein wenig Vermentino gekeltert sowie ein körperreicher Chardonnay: La Suvera.
Es sieht so aus, als wolle der Betrieb in Zukunft mehr Weine von internationalem Format erzeugen. Neue französische Reben wurden bereits gepflanzt: Cabernet Sauvignon, Cabernet Franc, Sauvignon Blanc und eine größere Anzahl von Chardonnay.
Bei allen Investitionen – das Preis-Leistungs-Verhältnis von Badia di Morrona ist nach wie vor ausgezeichnet.

Weiteres Produkt

Olivenöl extravergine.

Besonderheiten

Die „Festa della Madonna" jeden 8. September in der Kirche des Weinguts, anschließende Verkostung der Gutsweine.

TENUTA DI GHIZZANO

Besitzer: Adelsfamilie Venerosi Pesciolini
Via della Chiesa 1, 56030 Ghizzano di Peccioli
Tel. 050/205 96 oder 0587/63 00 96; Besuch nach Anmeldung

Gesamtqualität: ★★
Rebfläche: 25 ha
Jährliche Abfüllung: 100.000
Preisniveau: 2–4

Der Spitzenwein

Veneroso★★

Andere Weine

Chianti★
Nambrot★★
Vin Santo Germano★

Ausbau des Spitzenweins

Der Veneroso wird nach der Gärung in Barriques zur Reifung gelagert.

Stil des Spitzenweins

Eine elegante Mischung aus Sangiovese, Cabernet Sauvignon und Merlot. Tiefes Rubinrot, reiches Bouquet von Kirsche, schwarzen Beeren, Röstnoten und Vanille. Gut strukturierter Wein mit einem tiefgründigen Abgang. Gutes Reifepotential.

Elegant und fruchtig

Das Anbaugebiet Colline Pisano (die Hügel von Pisa) liegt ein wenig abseits jener Straßen, auf denen sich die meisten Weinfreunde der Toskana bewegen. Das hat auch sein Gutes: Erstens hat der Wein hier ebenfalls einen beachtenswerten qualitativen Fortschritt gemacht. Zweitens sind die Preise noch so, daß

man gern einen zweiten Karton mitnimmt. Spezialität dieses Anbaugebiets sind frische, fruchtige Chianti für den täglichen Gebrauch – auch auf der Tenuta di Ghizzano.
Seit dem 14. Jahrhundert ist das Weingut im Besitz der Familie. Contessa Dr. Ginevra Venerosi Pesciolini, die Leiterin des Betriebs, will elegante, fruchtbetonte Weine anbieten, die nicht zu kraftmeierisch daherkommen. So ist auch ihr Sortiment ausgerichtet.
Spitzenwein des Hauses ist der elegante Veneroso. Ähnlich strukturiert ist der Nambrot, ein reinsortiger Merlot, der allerdings noch fruchtiger und konzentrierter im Glas steht. Er ist nach dem Urahn der Adelsfamilie benannt, einem gewissen Nambrot, der mit Karl dem Großen nach Italien gekommen sein soll. Als dritter Rotwein des Betriebs steht ein wunderschöner frischer und fruchtiger Chianti auf der Karte, ein Wein, von dem man gern eine zweite Flasche öffnet. Jung schmeckt er am besten. Bemerkenswert: der Vin Santo von Ghizzano, der mit seinem delikaten Kirsch- und Pflaumengeschmack darauf hinweist, daß auch rote Traubensorten mitgekeltert wurden.

Weiteres Produkt

Olivenöl extravergine.

Azienda Agr. Moos

Besitzer: Elyane und Bruno Moos
Via Pier Capponi 98, 56030 Soiana, Tel. 0587/65 41 80
Bei Besuch vorher anrufen

Gesamtqualität: ★
Rebfläche: 3 ha
Jährliche Abfüllung: 15.000
Preisniveau: 1–3

Der Spitzenwein

Fontestina★★

Andere Weine

Elige★
Soianello★
Soiano Bianco★
Vio★ (weiß)

Ausbau des Spitzenweins

Nach der Gärung im Stahl- bzw. Betontank kommt der Wein 18–20 Monate ins Barrique. Anschließend ein Jahr Flaschenlager.

Stil des Spitzenweins

Intensives Rot, dazu ein Bouquet von Waldfrüchten und Schattenmorellen, reife Tannine.

Zwei Schweizer in den Hügeln von Pisa

Bruno Moos ist Schweizer – und in der Welt zu Hause. Jahrelang lebte er in Montreal in Kanada. Bis er sich mit seiner Frau Elyane wieder nach Europa aufmachte. Diesmal sollte es die Toskana sein, denn Bruno Moos hatte einen Traum: Er wollte sein eigenes Weingut, er wollte seinen eigenen Wein wachsen und werden sehen. So kamen Herr und Frau

Moos Anfang der 80er Jahre in die Toskana. Es verschlug sie in die lieblichen Colline Pisano nach Soiana bei Pisa, wo sie sich 1984 ein Weingut kauften. Klein, sehr klein, aber immerhin groß genug, um Weine zu erzeugen, die von einem Schweizer, der via Kanada nach Italien kommt, nicht erwartet werden. Denn Bruno Moos hatte Großes vor, so ist nun mal sein Ehrgeiz. Er wollte erstklassige Weine machen.

Zunächst richtete das Ehepaar alles her: die Weinberge, den Keller, Teil einer mittelalterlichen Burg, die heute nicht mehr existiert. Beide sind auch für alles zuständig: für die Außenarbeiten im Weinberg, für den Rebschnitt, Düngung und Schädlingsschutz, für die Ernte, für die Kellerarbeiten und schließlich auch für den Verkauf, den nur die Firma Moos und kein weiterer Händler organisiert.

Die Rebfläche des Weingut Moos umfaßt nur drei Hektar. Auf Lehm-, Sand- und kalkigen Böden wachsen überwiegend Sangiovese (70 Prozent), etwas Ciliegiolo, Malvasia Nera, Cabernet Sauvignon und rund zehn Prozent Vermentino für den Weißwein. Die Weine werden in Beton oder Edelstahltanks vergoren und kommen dann ins große Eichenfaß von 25 Hektoliter oder in Barriques.

Basis der Rotweine des Hauses ist Sangiovese. Ihm fügt Bruno Moos beim Soianello noch Malvasia Nera, Cabernet Sauvignon, Canaiolo, Ciliegiolo und Merlot bei. Der Fontestina besteht zu 95 Prozent aus Sangiovese, der Rest ist Ciliegiolo.

Bislang sind die ehrgeizigen Pläne des Ehepaars, das nicht nur die Winzerarbeit, sondern auch ein gutes Glas Wein zum erlesenen Menü liebt, aufgegangen. Die italienische Weinkritik registriert die Produkte von Bruno Moos regelmäßig – und mit Respekt.

Fattoria dell'Uccelliera

Besitzer: Antonio Bulleri
Via Pontita 26, 56043 Fauglia (Postadresse)
Für Besucher:
Strada Provinciale Cucigliana-Lorenzana 1, 56040 Lorenzana
Tel. 050/66 27 47
Verkauf: Mo–Fr 10–12 und 15–18.30 Uhr, Sa nach Vereinbarung

Gesamtqualität: ★★
Rebfläche: 15 ha
Jährliche Abfüllung: 70.000
Preisniveau: 1–3

Der Spitzenwein

Castellaccio Rosso★★

Andere Weine

Castellaccio Bianco★ (weiß)
Chianti★
Ficaia★ (weiß)
Rosasina★ (Rosé)
Vin Santo★

Ausbau des Spitzenweins

Der Castellaccio Rosso wird 12 Monate lang in Barriques ausgebaut.

Stil des Spitzenweins

Der Castellaccio Rosso ist eine Cuvée aus Sangiovese mit etwas Cabernet Sauvignon. Ein Wein von verlockendem, seidigem Dunkelrot. Das animierende Fruchtbouquet wird im Geschmack bestätigt, der eine süffige Balance mit den milden Tanninen eingeht.

Der Aufschwung von Colline Pisano

Die Weingüter der Colline Pisano haben in den letzten Jahren einen erfreulichen Aufschwung genommen. Das liegt zum einen an der Qualität ihrer Produkte, zum anderen aber auch an der mehr oder minder rasanten Preisentwicklung in den klassischen Anbaugebieten der Toskana. Der Verbraucher kann sich freuen. Er bekommt gute Weine zu einem vernünftigen Preis-Leistungs-Verhältnis.

Die Fattoria dell' Uccelliera bietet ein schönes Beispiel für die qualitative Aufwertung dieser Region. Schon ihre Flaschenetiketten mit bunten Tiermotiven haben einen gewissen Kultstatus erreicht. Sie zeigen auch das harmonische Naturverständnis von Antonio Bulleri, dem Chef und Eigentümer des Weinguts.

Zu seinen Weinen: Durch eine intensive Pflege der Weinberge und Investionen im Keller haben sie eine Qualität erreicht, von der früher in diesem Gebiet niemand zu träumen wagte. Ein Beispiel dafür ist nicht nur der Spitzenwein des Hauses. Auch der Castellaccio Bianco, ein Chardonnay, der sechs Monate in Barriques vergoren und ausgebaut wurde, hat internationales Format, wohl begünstigt durch den klimatischen Vorteil des Standorts, denn das Meer ist gerademal 20 Kilometer weit weg.

Das gleiche gilt für den weißen Ficaia. Sehr schön zu trinken ist auch der Chianti von Uccelliera, ein frischer, aromatischer Wein für alle Tage.

Der Aufschwung des Betriebs ist nicht zuletzt auf die beratenden Önologen – zunächst Vittorio Fiore, danach Stefano Chioccioli – zurück zu führen, die u.a. auch kleine Eichenholzfäßchen (Barriques) einführten.

Wie fast überall in der Toskana erweitert auch die Fattoria Uccelliera ihre Anbaufläche; allerdings greift dieser Betrieb weniger auf autochthone Sorten aus Italien zurück, sondern eher auf die französische Konkurrenz: Für die Weißweine wurden Sauvignon Blanc und Viognier angepflanzt, für die Roten Syrah und Petit Verdot. Die neuen Weinberge haben einen dichten Pflanzenwuchs (ca. 5.500 Rebstöcke pro Hektar), so daß eine weitere Qualitätssteigerung zu erwarten ist.

Andere Produkte

Olivenöl extravergine, Grappe Bianche, Grappa Invecchiata, Honig.

Besonderheiten

Weingutfest im Mai „La battaglia del Castellaccio" mit Degustation.

Castello di Nipozzano

Besitzer: Marchesi de' Frescobaldi
50060 Pelago, Firenze, Tel. 055/831 10 50
Besuch über Frescobaldi-Zentrale in Florenz anmelden
(Tel. siehe S. 206)

Gesamtqualität: ★★
Rebfläche: 184 ha
Jährliche Abfüllung: 1,2 Mio.
Preisniveau: 2–5

Der Spitzenwein

Montesodi – Chianti Rufina Riserva★★

Andere Weine

Nipozzano Riserva★★
Mormoreto★★
Vinsanto★

Ausbau des Spitzenweins

18 Monate liegt dieser sortenreine Sangiovese im Barrique. Danach reift er ein weiteres Jahr auf der Flasche, bevor er in den Verkauf kommt.

Stil des Spitzenweins

Intensive rubin-violette Farbe und ein dichtes Bouquet von schwarzen Beeren mit einem Hauch von Vanille. Der Geschmack: ein wundervoll dezenter Früchtekorb mit perfekt eingebundenen Tanninen. Ein ausdrucksstarker, runder Wein.

Die Hochburg der Frescobaldi

Castello di Nipozzano ist eine historische Hochburg der Weindynastie Frescobaldi. Das Schloß, dessen Ursprünge als mittelalterliche Wehranlage fast tausend

Jahre zurückreichen, symbolisierte bereits im 15. Jahrhundert die Weinbautradition des Florentiner Adelsgeschlechts. Das landschaftliche Ambiente gleicht der Komposition eines Gemäldes: 30 Kilometer nordöstlich von Florenz erheben sich Castello und Villa (aus dem 15. Jahrhundert) über den Hügeln, die von Wäldern, Olivenhainen und Weinbergen geprägt sind.

In einer Höhenlage zwischen 300 und 400 Metern sind auf 184 Hektar Rebfläche Sangiovese, Cabernet Sauvignon, Cabernet Franc, Merlot, Canaiolo und Malvasia Rosso gepflanzt. Die kargen, ton- und kalkhaltigen Böden sowie das windige Klima mit heißen Sommern bieten ein ideales Umfeld für die Erzeugung großer Rotweine.

Zu diesen Gewächsen von Nipozzano gehören neben dem Montesodi auch der traditionelle Nipozzano Riserva (ein Chianti Rufina Riserva, wie er sein soll: sauber, extraktreich, würzig und kraftvoll) und der Momoreto, ein hochkonzentrierter, wuchtiger, aber runder Rotwein aus 95 Prozent Cabernet-Sauvignon- und fünf Prozent Cabernet-Franc-Trauben – nicht sehr typisch für die Toskana, aber herrlich zu trinken.

Castello Nipozzano hat, wie alle Frescobaldi-Güter, einen unübersehbare Fortschritt in Richtung Qualität gemacht. Auf die weitere Entwicklung darf man gespannt sein.

Castello di Pomino

Besitzer: Marchesi de' Frescobaldi
Tenuta di Pomino, Pomino, 50060 Rufina, Firenze, Tel. 055/831 88 10
Besuch bei der Frescobaldi-Zentrale in Florenz anmelden
(Tel. siehe S. 206)

Gesamtqualität: ★★
Rebfläche: 94 ha
Jährliche Abfüllung: 600.000
Preisniveau: 3–5

Die Spitzenweine

Pomino Rosso★
Pomino Benefizio★★ (weiß)

Andere Weine

Pomino Bianco★ (weiß)
Pomino Vinsanto★★

Ausbau der Spitzenweine

Der Pomino Rosso lagert nach der Gärung 15 Monate in Barriques. Der Pomino Benefizio wird in Barriques vergoren und acht Monate ausgebaut. Anschließend 12 Monate Flaschenlager, bevor er in den Verkauf kommt.

Stil der Spitzenweine

Der Pomino Rosso ist eine interessante, lebendige Cuvée aus Sangiovese (Hauptsorte), Cabernet Sauvignon, Merlot und Pinot Nero. Ein rubinroter, animierender Wein mit deutlicher Burgundernote (rote Beeren, Sauerkirsche) und weichen Tanninen. Der Benefizio wird zu 100 Prozent aus Chardonnay-Trauben gekeltert und hat eine typische strohgelbe Farbe mit Grünreflexen. Intensives Zitrus- und Blüten-Bouquet mit zarten Vanille-

und Kaffeenoten. Große Aromenvielfalt (u. a. Ananas), präsente Säure. Feinnerviger Meursault-Typ.

Chardonnay aus Höhenlagen

Castello di Pomino liegt malerisch in bergiger Landschaft, die eher an die Schweiz als an die Toskana erinnert. Das Schloß, das im 16. Jahrhundert vom Florentiner Baumeister Gherardo Silvani errichtet wurde, ging vor über hundert Jahren durch Heirat aus dem Besitz der Adelsfamilie Albizi in den der Frescobaldi über. Bereits um 1875 hatte der legendäre Wein-Graf Vittorio degli Albizi an den Hängen in 400 bis 750 Meter Höhe weiße und rote Burgunder-Rebsorten angepflanzt, die er durch lange Frankreichaufenthalte – die Familie besaß ein Sommerschloß in Burgund – kennen und schätzen gelernt hatte. Vor allem der Chardonnay reift in dieser Höhenlage unterhalb von Tannen- und Kastanienwäldern besonders gut. Durch das frische, windige Klima hat die Traube eine längere Vegetationsphase, kann eine filigranere Frucht und größere Aromenvielfalt entwickeln.

Das merkt man auch den Weißweinen an, vor allem dem Benefizio, der eher an einen französischen Chardonnay als an einen italienischen erinnert.

Auch dem Pinot Nero scheinen das gemäßigte Klima und die eher kargen Böden dieser toskanischen Bergregion gut zu tun. Obwohl er im Pomino Rosso nur einen relativ kleinen Anteil hat, dominiert er den Wein auf eine angenehme Weise, die dem Gewächs Eleganz und Stil verleiht. Eine besondere Spezialität des Castellos ist der Pomino Vinsanto, gekeltert aus Chardonnay, Pinot Bianco und Pinot Grigio. Er bleibt vier Jahre (!) im Eichenfaß, bevor er auf die Flasche kommt. Eine Rarität, die neben edler Süße (Aprikose, Feige, Trokkenfrüchte) auch noch animierende Säure besitzt.

RUFFINO

Besitzer: Familie Folonari
Via Arentina 42/44, 50065 Pontassieve, Tel. 055/8 36 05
Verkauf ab Weingut nicht möglich

Gesamtqualität: ★★
Rebfläche: ca. 600 ha
Jährliche Abfüllung: 10 Mio.
Preisniveau: 1–6

Die Spitzenweine

Chianti Classico
Riserva Ducale★★
Cabreo Il Borgo★★
Romitorio di Santedame★★

Andere Weine

Chianti Classico★
Chianti Classico Santedame★★
Nero del Tondo★★
Cabreo La Pietra★★ (weiß)
Libaio★★ (weiß)

Ausbau der Spitzenweine

Die Spitzencuvée Cabreo Il Borgo und Romitorio di Santedame werden in Barriques, die Riserva Ducale in traditionellen Holzfässern ausgebaut.

Stil der Spitzenweine

Die Frage nach dem absoluten Spitzenwein des Traditionshauses Ruffino kann so eindeutig nicht beantwortet werden. Sind es die beiden Tafelweine Cabreo Il Borgo (Sangiovese mit Cabernet Sauvignon) und Romitorio di Santedame (Prugnolo und Colorino)? Oder doch die klassische Chianti Classico Riserva Ducale? Alle drei Weine besitzen ein opulentes, dennoch nicht zu vordergründiges Früchtebouquet, das elegant in Tannine und Säuren eingebunden ist, wobei sich die Tafelweine doch noch um einen Tick feiner und ausgewogener präsentieren.

Erstaunliche Qualitäten

Ruffino zählt zu den drei größten Weinproduzenten der Toskana. Das Weinhaus mit Besitzungen und Gütern im Chianti-Gebiet, in Montalcino und Montepulciano ist fest in Familienhand. Ambroggio Folonari führt das Geschäft, unterstützt von seinen Söhnen Luigi, Adolfo und Giovanni – ein Männerclan, der schon für einiges Aufsehen gesorgt hat.

Ruffino, das seit Anfang des 20. Jahrhunderts im Besitz der aus Brescia stammenden Folonari ist und seinen Erfolg als großes Weinhandelshaus dem Weinexport für Exilitaliener in den USA zu verdanken hat, erstaunt immer wieder durch herausragende Qualitäten, dic in diesem Großunternehmen auf Flasche kommen. Das gilt nicht nur für die Spitzenweine des Hauses. Besonders erwähnt sei auch der Nero del Tondo, ein Pinot Nero (blauer Spätburgunder), den der Ruffino-Önologe Mauro Orsoni zu einer (unter für diese Rebsorte ungewöhnlichen Bedingungen) erstaunlichen Brillanz gebracht hat. Das gleiche gilt für den weißen Cabreo La Pietra, einen im Barrique ausgebauten Chardonnay, dessen Bewertungsnoten noch höher sein könnten, wenn anstelle des überakzentuierten Holz- und Rauchtons eine feine Fruchtnote treten würde.

Lobenswert auch der einfache und süffige Chianti Classico mit gutem Preis-Leistungs-Verhältnis. Ruffino investiert seine Gewinne ausschließlich in die Toskana. Jahr für Jahr werden 50 Hektar mehr angepflanzt.

Weitere Produkte

Olivenöl extravergine, Grappa.

Fattoria Selvapiana

Besitzer: Francesco Giuntini
Loc. Selvapiana. 43, 50065 Pontassieve, Tel. 055/836 98 48
Direktverkauf ab Gut und Besuch vorher anmelden

Gesamtqualität: ★★
Rebfläche: 50 ha
Jährliche Abfüllung: 250.000
Preisniveau: 2–4

Der Spitzenwein

Chianti Rufina Riserva Vigneto Bucerchiale★★★

Andere Weine

Chianti Rufina Riserva★★
Chianti Rufina★
Vinsanto★★

Ausbau des Spitzenweins

Der Bucerchiale ist stets eine Riserva. Sie wird zu 70 Prozent in französischen Barriques ausgebaut und zu 30 Prozent in traditionellen Eichenholzgebinden, Reifedauer: bis zu 18 Monate. Danach folgt ein Flaschenlager von mindestens zwölf Monaten.

Stil der Spitzenweins

Glänzendes, tiefes Rubin, Bouquet von Waldbeeren und Cassis. Im Geschmack sehr dicht, ideal ergänzt von einem feinen Holzton und einen Hauch von Vanille. Großes Finish.

Weine eines Bonvivant

Die Fattoria Selvapiana ist eine der Säulen des Weinbaus in der Rufina. Es gab eine Zeit, da waren Rufina-Weine gar nicht mal sonderlich angesehen. Weingüter wie Frescobaldi und Selvapiana haben diesen Ruf der Region im Osten von Florenz kräftig aufpoliert. Hinter diesen Weingüter stehen meist einflußreiche Familien. Auch bei Selvapiana.

Das Gut, dazu zählt auch ein mittelalterliches Anwesen, gehört seit 1827 der Florentiner Bankier-Familie Giuntini. 1963 übernahm der heutige Besitzer, Francesco Giuntini, die Leitung des Betriebs, der zu jener Zeit nicht besonders gut dastand. Francesco Giuntini ist ein besonderer Mann: hoch gebildet und sensibel, geistreich und humorvoll, lebhaft und doch diskret; seine Mutter ist eine geborene Antinori. Er ist sprachenbegabt und kann auf deutsch seitenweise Wilhelm Busch rezitieren.

Ausgerechnet dieser Feingeist und philosophische Bonvivant bringt das Gut wieder auf Vordermann. Er läßt die Weinberge neu bepflanzen, schränkt zugunsten der Qualität die Ernteerträge ein, entrümpelt den Keller und sorgt für neue, zeitgemäßere Technik. Nach etwa 20 Jahren, so lange hat Francesco Giuntini schon gebraucht, befindet sich die Fattoria Selvapiana wieder in der Spitzengruppe der toskanischen Weingüter.

Großen Verdienst am Aufschwung von Selvapiana hat auch der Önologe Franco Bernabei, der von Anfang an den jungen Francesco Giuntini unterstützte und im Laufe der Jahre zu einem der bekanntesten Weinmacher Italiens heranreifte.

Selvapiana wurde bekannt für seine gehaltvollen, langlebigen Weine, aber auch für einen feinen Vinsanto mit schmelziger, eleganter Süße.

Eine andere Spezialität ist der Pomino Rosso, ein Rotwein aus Sangiovese mit Cabernet Sauvignon, Merlot und etwas Pinot Nero. Das Lesegut stammt von der Fattoria Petrogano, die zu Selvapiana gehört.

Mittlerweile wird der Gesamtbetrieb von Giuntinis Adoptivkindern Federico und Silvia Giuntini-Massetti geleitet. Federico war der Sohn des alten Verwalters. So schließt sich auf Selvapiana der Kreis, und Francesco Giuntini hat auf seine ungewöhnliche Art ein bißchen Schicksal gespielt.

Weiteres Produkt

Olivenöl extravergine.

La Lastra

Besitzer: Nadia Berri und Renato Spanu
Loc. Santa Lucia, Via de Grada 9, 53037 San Gimignano
Tel. 0577/94 17 81

Gesamtqualität: ★
Rebfläche: 6 ha
Jährliche Abfüllung: 30.000
Preisniveau: 2–4

Der Spitzenwein

Vernaccia di San Gimignano Riserva★★ (weiß)

Andere Weine

Vernaccia di San Gimignano★ (weiß)
Chianti Colli Senesi★
Rovaio★

Ausbau des Spitzenweins

Im Gegensatz zum einfachen Vernaccia di San Gimignano wird die Riserva nicht im Edelstahltank, sondern zwölf Monate im Barrique ausgebaut.

Stil des Spitzenweins

Besonders interessant ist eine weiße Spezialität des Hauses: ein Vernaccia di San Gimignano Riserva. Dieser Wein, der so gar nichts mit dem Vernaccia zu tun, mit dem die Touristen abgefüllt werden, ist ein hochwertiger Weißer, in der Qualität durchaus vergleichbar mit einer trockenen Spätlese oder Auslese aus deutschen Anbaugebieten. Der reinsortige Wein wird im Barrique ausgebaut. Er besticht durch eine schöne, nicht zu aufdringliche, subtile Frucht, die eingebunden ist in dezente Vanille-

und Holzaromen. Ein harmonischer Wein für ein großes Essen.

Der Geist des Weines

Nadia Betti stammt aus Trient, Renato Spanu aus Südtirol. Beide haben die berühmte Weinbauschule von San Michele im Trentino absolviert, bevor sie in die Toskana umsiedelten. Bei San Gimignano, der altehrwürdigen Stadt mit den Geschlechtertürmen, kauften sie ein kleines, altes Weingut. Wirtschaftsräume und Keller wurden penibel modernisiert. Betti & Spanu bevorzugen die schonende Weinerzeugung – im Weinberg wie im Keller: ohne Dünger und andere chemische Zusätze.

Die Hauptweine von La Lastra sind charakteristische Produkte dieses Anbaugebiets: Vernaccia. Daneben bieten die Winzer einen feinen Chianti Colli Senesi und den Roviano an, einen interessanten, finessenreichen roten Tafelwein, je zu einem Drittel aus Sangiovese, Cabernet Sauvignon und Merlot. Ein subtiler Gaumenschmeichler.

Auf den ästhetischen, bisweilen etwas rätselhaften Etiketten von La Lastra wird der Geist des Weines dargestellt. Ein kleiner Touch von Esoterik, die der Qualität der Produkte keinen Abbruch tut. So sind die Labels ebenso charakteristisch wie die Weine, die einen ganz deutlichen Kontrapunkt zu jenen billigen Zechweinen setzen, die noch immer für die Touristen gemacht werden – und der gesamten Appellation schaden.

Weiteres Produkt

Olivenöl extravergine.

TERUZZI & PUTHOD

Besitzer: Enrico Teruzzi und Carmen Puthod
Fattoria Ponte a Rondolino, Loc. Casala 19, 53037 San Gimignano
Tel. 0577/94 01 43; Besuch vorher anmelden

Gesamtqualität: ★★
Rebfläche: 65 ha
Jährliche Abfüllung: 1 Mio.
Preisniveau: 2–4

Der Spitzenwein

Terre di Tufi★★★ (weiß)

Andere Weine

Vernaccia di San Gimignano★ (weiß)
Carmen★★
Peperino★

Ausbau des Spitzenweins

Der Terri di Tufi ist ein im Barrique gereifter Vernaccia di San Gimignano.

Stil des Spitzenweins

Dieser berühmte Spitzen-Vernaccia ist so ganz anders als die gleichnamigen Touristenweine aus San Gimignano: strohgelbe Farbe mit leichten hellen Reflexen, eine feine, frische Nase (Sommerblüten, Kräuter und Vanille) und ein rundes Geschmackserlebnis. Ein Wein, der durch den gelungenen Barrique-Ausbau an Struktur und Komplexität gewonnen hat.

Der Vernaccia und das Barrique

Der toskanische Schriftsteller Mario Soldati würdigt in seinem Buch „Vino al Vino" den Vernaccia di San Gimignano in überschwenglichen Worten: „Es gibt in Italien nichts Vergleichbares. Er entwickelt ... einen delikaten Duft: schmackhaft, glatt, verführerisch ..." Auch wenn das ein wenig übertrieben klingen mag: Es tut sich was in San Gimignano. Seit dieses Anbaugebiet 1993 die DOCG-Weihe erhielt, wurden aus dünnen Weinchen für Touristen gute Gewächse mit Charakter und Witz. Das ist in einigen Fällen sicherlich auch dem Einsatz von Barriques zu verdanken, obwohl es andererseits den Spruch gibt, Vernaccias mit Barrique-Tanninen seien wie junge, zarte Mädchen mit Schuhgröße 46 und Holzpantinen. Doch einige Betriebe beherrschen den Umgang mit dem kleinen französischen Eichenholzfaß perfekt. Zu ihnen gehört die Fattoria Ponte a Rondolino von Carmen Puthod und Enrico Teruzzi. Vor Ort wird sogar behauptet, daß dieses Weingut die beste Kellerei in San Gimignano sei.

Die an sich ortsfremden Autodidakten ließen sich 1974 in der Toskana nieder und gingen mit großer Leidenschaft an die Weinerzeugung. Ihren Erfolg verdanken sie dem Terre di Tufi, einem der ersten barriquegereiften Weine Italiens, der das Gut innerhalb weniger Jahre berühmt gemacht hat. Doch hat dieser Betrieb noch andere beachtenswerte Produkte zu bieten: Der einfache, frische Vernaccia zum Beispiel ist ein idealer Terrassenwein.

Und auch die Roten von Teruzzi & Puthod erregen immer mehr Aufmerksamkeit. Sowohl der Peperino wie auch Carmen sind gutgemachte Weine mit würzigem Fruchtbouquet (Kirsche) und einem ausgewogenen Geschmack, der nicht zu sehr von Tanninen dominiert wird. Die Basis ist Sangiovese, wie es die neue DOC San Gimignano Rosso von 1996 vorschreibt.

Weitere Produkte

Olivenöl extravergine, Spumante Sarpinello Brut** (Sekt).

Fratelli Vagnoni

Besitzer: Familie Vagnoni
Loc. Pancole 82, 53037 San Gimignano, Tel. 0577/95 50 77
Besuch jederzeit möglich

Gesamtqualität: ★
Rebfläche: 18 ha
Jährliche Abfüllung: 100.000
Preisniveau: 1–3

Der Spitzenwein

Vernaccia di San Gimignano Mocali★★ (weiß)

Andere Weine

Vernaccia di San Gimignano★
Rosato di San Gimignano★
I Sodi Lunghi★
Chianti Colli Senesi★
Vin Santo★

Ausbau des Spitzenweins

Der Vernaccia di San Gimignano Mocali vergärt und reift danach etwa sieben Monate in französischen Barriques.

Stil des Spitzenweins

Der Mocali gehört zweifelsohne zu den besten Vernaccias di San Gimignano und hat nichts gemeinsam mit den Gewächsen, die gewöhnlichen Touristen vorgesetzt werden. Die Vergärung im Barrique verleiht ihm einen konzentrierten Würzton, gepaart mit einem aparten Duft nach Blumen, Sommerfrüchten und etwas Vanille.

Weißwein aus Etruskererde

Vagnoni steht auf uraltem Kulturterrain. Hier haben schon die

Etrusker vor 2.500 Jahren Wein gekeltert und Oliven gepreßt. Das Weingut selbst wurde 1951 gegründet und ist ein reiner Familienbetrieb.

Die Hauptrebsorte des Betriebs ist Vernaccia di San Gimignano (45 Prozent), gefolgt von Sangiovese (40 Prozent), dazu kommt noch etwas Cabernet Sauvignon, Merlot, Canaiolo und Chardonnay. Die Trauben werden durchweg per Hand geerntet.

Jeder packt mit an, Luigi und Maurizio Vagnoni machen den Keller. Die Fattoria hat wegen ihrer sauberen und reintönigen Weine einen guten Namen, ihre Produkte liegen weit oberhalb des Qualitätsdurchschnitts. Das gilt nicht nur für den Spitzenwein des Hauses, den weißen Mocali, sondern auch für den einfachen San Gimignano, den erfrischenden Rosato, den animierenden Chianti Colli Senesi und für I Sodi Lunghi, eine interessante Cuvée aus Sangiovese, Canaiolo und Cabernet Sauvignon.

Beachtlich ist auch der Vin Santo, der das Weingebaut von Vagnoni abrundet. Ein Dessertwein mit schönen Trockenobstnoten, ideal zum Sonntagskuchen, oder wenn die Erbtante zu Besuch kommt.

Weitere Produkte

Olivenöl extravergine, Spumante Brut, Grappa.

VIGNANO

Besitzer: Fritz Croissant
Loc. Vignano 304, 50020 Marcialla, Tel. 0571/66 00 41
Besuch vorher anmelden

Gesamtqualität: ★
Rebfläche: 12 ha
Jährliche Abfüllung: 70.000
Preisniveau: 1–3

Der Spitzenwein

Rosso Nr. 15 – Barrique★★

Andere Weine

Rosso Nr. 3
Rosso Nr. 4
Chianti★
Rosso Nr. 5★
Rosso Nr. 12★
Rosso Nr. 13 – Barrique★
Rosa
Favoloso★ (weiß)
Bianco (weiß)

Ausbau des Spitzenweins

Der Rosso Nr. 15 – Barrique ist ein reinsortiger Vino da tavola aus Sangiovese. Er reift zwölf Monate im Barrique; dann schließt sich eine Lagerung im großen Eichenholzfaß an.

Stil des Spitzenweins

Die Farbe: dunkles, glänzendes Rubin; das Bouquet: ein Duft von vollreifen Kirschen, gepaart mit Gewürztönen und etwas Kakao. Und im Geschmack: warmer, herzhafter Alkohol im Zusammenspiel mit üppiger Sangiovesefrucht, gepaart mit kräftigen, unkastrierten Tanninen, die keineswegs kratzen. Unbedingt dekantieren.

Ein Pfälzer in der Toskana

Fritz Croissant kommt aus einer Landschaft, die bisweilen an die Rebhügel der Toskana erinnert. Ganz Kühne behaupten sogar, die Pfalz sei die deutsche Toskana. Der Winzersohn und Banker aus Edenkoben hat früher an der Weinstraße ein Weingut geleitet. Heute besitzt er in Venningen/Pfalz sein eigenes Gut – und in der Toskana, zwischen Florenz und Siena, bei San Gimignano ein weiteres. Er hatte das aus dem 13. Jahrhundert stammende Anwesen in den 80er Jahren gekauft, überwältigt von der Ars vivendi dieser Kulturlandschaft. Fritz Croissant hat schon in der Pfalz ökologischen Weinbau betrieben; in Italien ist er Mitglied der AIAB (*Associazione Italiana Agricoltori Biologici*), der Vereinigung ökologisch wirtschaftender Winzer, wozu Croissant anmerkt, daß das „Wollsocken- und Müsli-Image der Biowinzer" der Vergangenheit angehöre, daß Ökologie und niveauvoller Genuß keinen Gegensatz mehr bilden. Seine Weine sind der Beweis, daß dies gelungen ist. Die Palette reicht vom einfachen, spritzigfrischen Weißwein für die Terrasse bis zum gehobenen Produkt für das große Abendmenü. Vier Weine seien hervorgehoben: Favoloso ist ein finessereicher Weißer aus ausgelesenen Trauben aus einer alten Trebbiano-Anlage, im Barrique ausgebaut. Rosso Nr. 12 stammt ausschließlich von Sangiovese-Trauben, 24 Monate Holzfaßreife, viel Struktur. Rosso Nr. 13 ist ein aromareicher Pinot Nero (Spätburgunder) mit 18 Monaten Barrique-Reife und anschließendem Lager im großen Eichenholzfaß. Und Selection Rosso Nr. 15 ist ein mächtiger Sangiovese (14,5 % Alkohol) mit intensivem Bouquet von Trockenfrüchten, Zimt und Gewürznelken. Wird nur in Magnumflaschen abgefüllt.

Beeindruckend an diesem Betrieb: das günstige Preis-Leistungs-Verhältnis.

Weitere Produkte

Olivenöl extravergine, Sekte (Bianco, Rosato, Rosso aus Sangiovese), Grappa, Vermouth di Vignano (Bianco, Rosso).

Podere Il Carnasciale

Besitzer: Bettina Rogosky
52020 Mercatale Val di Pesa, Tel. 055/991 11 42
Besuch nur nach Anmeldung

Gesamtqualität: ★★★
Rebfläche: ca. 1 ha
Jährliche Abfüllung:
ca. 1.000 Magnum-Flaschen
Preisniveau: 6

Der Spitzenwein

Il Caberlot★★★

Andere Weine

Keine

Ausbau des Spitzenweins

Die Trauben werden noch mit einer kleinen Handpresse gekeltert. Nach der Gärung kommt der Wein in Barriques, mindestens 18 Monate lang.

Stil des Spitzenweins

Ungewöhnlich dicht. Farbe, Körper, Frucht – einfach alles stimmt. In seiner Komplexität erinnert er sogar an einen grossen Pomerol. Ein äußerst rarer Kultwein.

Ein Mini-Weingut wird Kultstätte

Eigentlich ist der Podere Il Carnasciale gar kein richtiges Weingut. Man müßte ihn eher als Landsitz mit ein paar Reben bezeichnen – wäre da nicht die märchenhafte Geschichte dieses Anwesens, die mittlerweile Legende geworden ist. Sie beginnt wie so häufig in der Toskana mit dem Lebenstraum eines Menschen, der jenseits der Alpen zuhause ist. Wolf D. Rogosky war erfolgreicher Werbetexter und Schriftsteller in Düsseldorf und leidenschaftlicher Weinfreund. Nebenher betrieb er einen kleinen Weinhandel. 1972 kaufte er einen Bauernhof, doch erst 13 Jahre später, als 1985 der Frost fast alle Olivenbäume vernichtet hatte, entschloß er sich, die ersten Reben zu pflanzen.

Wolf D. Rogosky schwebte ein mächtiger, konzentrierter Wein vor. Nicht unbedingt ein Sangiovese, eher ein Cabernet Sauvignon, was ihm auch der Önologe Vittorio Fiore empfahl. Schließlich hörte der Düsseldorfer von einer Rebschule bei Piacenza, die in ihren Anlagen eine natürliche Kreuzung von Cabernet Sauvignon und Merlot hatte. Diese Rebstöcke wollte er unbedingt erwerben. Doch bevor der eigene Mini-Weinberg von ca. 0,3 Hektar Früchte trug, holte Rogosky die Trauben von jener Rebschule und kelterte sie daheim. So entstand 1988 der erste Jahrgang „Il Caberlot" eine Zusammensetzung von Cabernet und Merlot. Der Wein fand auf Anhieb seine Liebhaber.

Als Rogosky 1990 die ersten eigenen Trauben ernten wollte, waren ihm die Wildschweine zuvorgekommen. Doch der Jahrgang 1991 und alle nachfolgenden kamen ganz groß heraus. Der Grund: Rogosky preßte nur die besten Früchte; er dünnte seine winzige Anlage sogar noch aus. So bekam er ein geradezu unglaubliches Mostkonzentrat – die Voraussetzung für die Qualität des Caberlot.

Mitten in dieser Erfolgseuphorie starb Wolf D. Rogosky 1996 völlig unerwartet mit 56 Jahren an einem Herzinfarkt. Seither führen seine Frau Bettina, die außerdem noch einen Wohnsitz in Paris hat, und seine beiden Söhne Philipp und Moritz sein Lebenswerk fort. Und sie haben sich vergrößert: von 0,3 Hektar auf einen Hektar. Rar bleibt der Caberlot trotzdem. Wer eine Magnumflasche – nur in die wird er abgefüllt – ergattert, darf sich glücklich schätzen.

Tip: Verkauf auch in der Enoteca „Terre di Vini" in Castellina Scalo, 10 km südlich von Castellina in Chianti, Tel. 0577/30 51 92. Man spricht deutsch.

Weitere empfehlenswerte Weingüter

Ambra	Via Lombardo, 85 50042 Carmignano Tel. 055/48 64 88
Poggio Bonelli	Loc. Poggio Bonelli 53019 Castelnuovo Berardenga Tel. 0577/35 53 82
Canneto	Via dei Canneti, 14 53045 Montepulciano Tel. 0578/75 77 37
Capaccia	Loc. Capaccia 53017 Radda in Chianti Tel. 0574/58 24 26
Casale	Via di Nottola, 9 53040 Montepulciano Tel. 0578/73 82 57
Casale Falchini	Via Casale, 40 53037 San Gimignano Tel. 0577/94 13 05
Le Casalte	Via del Termine, 2; Ant'Albino 53045 Montepulciano Tel. 0578/79 91 38
Case Basse	Loc. Villa Santa Restituta 53024 Montalcino Tel. 0577/84 85 67
Castiglion del Bosco	Loc. Castiglion del Bosco 53024 Montalcino Tel. 0577/80 70 78

CERBAIONA	Loc. Cerbaiona 53024 Montalcino Tel. 0577/84 86 60
DEL CERRO	Via Grazianello, 5 Frazione Acquaviva 53040 Montepulciano Tel. 0578/76 77 22
COSTANTI	Loc. Colle al Matrichese 53024 Montalcino Tel. 0577/84 81 95
CROCIANI	Via del Poliziano, 15 53045 Montepulciano Tel. 0578/ 75 79 19
DIEVOLE	Loc. Dievole 53019 Castelnuovo Berardenga Tel. 0577/32 26 13
FASSATI	Via di Graccianello, 3/a Loc. Graciano 53040 Montepulciano Tel. 0578/70 87 08
FULIGNI	Via Soccorso Saloni, 32 53024 Montalcino Tel. 0577/84 80 39
LE MACCHIOLE	Via Bolgherese, 189a 57020 Bolgheri Tel. 0565/76 60 92
FATTORIA DI MANZANO	Via di Manzano 52042 Cortona Tel. 0575/61 86 67
CANTINA DI MONTALCINO	Loc. Val di Cava 53024 Montalcino Tel. 0577/84 87 04

Fattoria di Montechiari	Via Montechiari, 27 55015 Montecarlo Tel. 0583/2 21 89
Castello di Montesanto	Via Montesanto, 8 50021 Barberino Val d'Elsa Tel. 055/805 90 00
Moris Farms	Loc. Cura Nuova Fattoria Pogetti 58024 Massa Marittima Tel. 0566/91 91 35
Panizzi	Loc. Santa Margherita 53037 San Gimignano Tel. 0577/94 15 76
Fattoria Paradiso	Loc. Strada, 21/a 53037 San Gimignano Tel. 0577/94 15 00
Il Poggione	Frazione Sant'Angelo in Colle 53020 Montalcino Tel. 0577/86 40 29
Romeo	Loc. Nottola 53040 Gracchiano di Montepulciano Tel. 0578/75 71 27
Castel Ruggero	Loc. Antella 50011 Greve in Chianti Tel. 0577/681 92 37
Poggio Scalette	Loc. Rùffoli 50022 Greve in Chianti Tel. 055/854 90 17
Sorbaiano	Loc. Sorbaiano 56040 Montecatini Val di Cécina Tel. 0577/3 02 43

Talenti	Loc. Pian di Conte Frazione Sant'Angelo in Colle 53020 Montalcino Tel. 0577/86 40 43
Tenuta del Terriccio	Via Bagnoli Loc. Le Badie 56040 Castellina Marittima Tel. 050/69 97 09
Tua Rita	Loc. Notri, 81 57028 Suvereto Tel. 0565/82 92 37
Vecchia Cantina	Via Provinciale, 7 53045 Montepulciano Tel. 0578/71 60 92
Castello di Verrazzano	Loc. Castello di Verrazzano 50022 Greve in Chianti Tel. 055/85 42 43
Fattoria di Vignamaggio	Via di Petriolo 50022 Greve in Chianti Tel. 055/85 30 07

Die Jahrgänge der toskanischen Weine

1999

Gutes bis sehr gutes Jahr, ohne jedoch die Klasse von 1997 zu erreichen. Wer spät erntete, holte große Qualitäten.

1998

Durchwachsenes, uneinheitliches Jahr. Die Weine sind von den einzelnen mikroklimatischen Bedingungen abhängig. Längst nicht so gut wie 1997, aber auch kein schlechtes Jahr.

1997

Perfekter Sommer, perfekter Herbst (ohne Niederschläge), perfektes Lesegut und großartige Weine. Ein Superjahrgang.

1996

Der Sommer gab Anlaß zu großen Hoffnungen. Dann kam der Herbst und mit ihm eine Regenperiode, die die größten Erwartungen zunichte machte. Dennoch wurden einige hervorragende Weine erzeugt. Alles in allem ein Jahrgang, der nicht hielt, was er zunächst versprochen hatte.

1995

Der Sommer war bescheiden, doch der Herbst machte alles wett. Viel Sonnenschein gab den Trauben den „letzten Schliff". Es wurde nicht viel geerntet, doch die Qualität war herausragend. Ein großes Jahr.

1994

Ahnlicher Wetterverlauf wie 1993. Guter Sommer, Regen zur Erntezeit. Doch die Trauben hatten sich schon gut entwickelt. Hervorragende Weine aus den höheren Lagen des Chianti Classico sowie aus Montalcino und der Maremma.

1993

Nach einem heißen Sommer kam zur Erntezeit Regen auf, was die Lese nicht optimal gestaltete. Trotzdem: Die Weine dieses Jahrgangs haben sich gut entwickelt. Wegen ihrer kraftvollen Struktur und ihres hohen Tanningehalts brauchen sie noch eine Zeitlang Reife.

1992

Die Ernte war total verregnet, das Lesegut in schlechtem Zustand. Dementsprechend wurden auch die Weine. Ein schlechter Jahrgang, der allerdings auch seine gute Seite hatte: Die hochwertigen Weine (Riservas, Brunelli etc.) wurden für die Erzeugung von einfachem Chianti Classico oder Rosso di Montalcino verwendet.

1991

Durchwachsenes Jahr, vor allem weil es im direkter Vergleich mit 1990 steht. Schlechtwetterperiode zum Herbst hin. Uneinheitliche Ernteergebnisse. Dennoch gibt es einige schöne Resultate: Weine, die aber nur ein mittleres Lagerpotential haben.

1990

Das optimale Wetter hielt bis zur Weinlese. Dadurch wurde nur vollreifes, gesundes Traubengut geerntet. Die Weine entwickelten sich geradezu prächtig. Die Riservas, Brunelli und Vino Nobiles haben noch nicht ihren Höhepunkt erreicht. Ein großartiger Jahrgang.

1989

Kühler Sommer, kühler Herbst, überwiegend dünne, säurebetonte Weine. Insgesamt ein eher unterdurchschnittlicher Jahrgang.

1988

Heißer, trockener Sommer. Das gute Wetter hielt bis zum Herbst. Die Lese ergab extraktreiche, konzentrierte Weine, die allmählich ausgetrunken werden sollten.

1987

Andauernde Regenfälle kurz vor der Ernte verwässerten diesen Jahrgang, der eindeutig zu den schwächeren zählt.

1986

Schöner Jahrgang für Chianti Riservas und große Tafelweine (Super Tuscans). Fruchtbetonte Weine, die jetzt getrunken werden sollten.

1985

Großer Jahrgang mit hervorragend strukturierten Weinen, die ein gutes Lagerungspotential haben. Die Chianti Classico Riserva halten das Niveau noch zwei, drei Jahre – und bauen dann ab.

Für jeden Wein das richtige Glas

Es ist weder Effekthascherei noch Snobismus, auf dem richtigen Glas für jeden Wein zu bestehen. Nur im richtigen, dünnwandigen Glas kann ein großer Wein seine wahre Kraft, Finesse und Vielschichtigkeit entfalten. Es ist also pure Verschwendung, ein großartiges Gewächs aus einem simplen Glas zu trinken, wie es etwa in vielen Pizzerien, leider aber auch in einigen Trattorien auf dem Tisch steht. Man vergeudet ganz einfach einen Großteil des Genusses. Gute Gläser müssen nicht unbedingt sündhaft teuer sein. Es gibt zweite Wahl in guter Qualität von namhaften Firmen auf dem Markt, die auch praktischerweise in der Maschine gespült werden kann.

Zu den einzelnen Gläsern:
Trockene Weißweine schmecken man besten in einem halbhohen *Chardonnayglas*.
Chianti Classico und Chianti Classico Riserva sowie die gehobenen Tafelweine entfalten sich optimal im *klassischen Bordeauxglas*, von dem es die verschiedensten Ausführungen gibt. Hauptsache, der Wein kann im Glas kreisen und sich so mit etwas Sauerstoff anreichern. Diese Glasform kann auch für den großen Brunello und Vino Nobile di Montepulciano benutzt werden.
Das *bauchige Ballon-* oder *Burgunderglas* wird gern zum Brunello oder Vino Nobile gereicht.
Spumante schmeckt am besten aus einer *Sektflöte*, die nicht zu schmal sein sollte und oben leicht verengt ausläuft, damit sich beim Trinken nicht zu viel Kohlensäure bildet.
Vin Santo trinkt man vorzugsweise aus einem *Dessertweinglas*, das etwas kleiner ist als das Chardonnayglas und in dessen Kelch sich auch eine geringe Menge von Dessertwein optimal entfalten kann.
Und die Grappa wird üblicherweise in einem *Digestifglas* genommen, das unten, oberhalb des Stiels, eine deutliche Ausbuchtung hat, damit sich die Aromastoffe des Brandes an der Luft entfalten können.
Alle Gläser sollten nie über ihre bauchigste Stelle hinaus gefüllt werden. Nur so kann man den Wein entsprechend schwenken, damit er Sauerstoff aufnehmen kann und die Aromen im Glas frei werden.

*Chardonnayglas (links)
und Bordeauxglas*

*Burgunderglas (links)
und Sektflöte*

*Dessertweinglas (links)
und Digestifglas*

Glossar

Abgang — Der Nachgeschmack eines Weins, auch Nachhall oder Finish genannt.

Alkoholische Gärung — Mit Hilfe von Hefen wird der natürliche Zucker der Trauben in Alkohol und Kohlensäure umgewandelt.

Annata — Einfacher Jahrgangswein.

Aroma — Duft und Geschmack eines Weins.

Ausbau — Die Zeit der Reifung nach den Gärungsprozessen. Dabei spielen die Behälter (großes Holzfaß, Barrique oder Edelstahltank) sowie die Lagerdauer eine große Rolle.

Azienda agricola, Azienda agraria — Landwirtschaftliches Anwesen oder Weingut, das Wein aus eigenem Anbau erzeugt.

Barrique — Kleines französisches Eichenholzfaß mit 225 Liter Inhalt. Wird neu und maximal dreimal für aufeinanderfolgende Jahrgänge benutzt. Barriques werden innen nach individuellen Vorstellungen „getoastet“, d.h. geröstet, und geben an den Wein ein typisches Rauch- und Vanillearoma ab. Große Weine erhalten im Barrique eine harmonische Balance zwischen Frucht und Tanninen. Saloppe Regel: je größer der Wein, desto kleiner das Faß.

Botte — Traditionelles Holzfaß aus slowenischer oder slawonischer Eiche, in Montepulciano oft auch aus Kastanie. Inhalt: ca. 25 Hektoliter. Plural: *botti*.

Bouquet Duft und Aroma eines Weins, wird von der Nase bestimmt.

Caratelli Kleine 50-Liter-Fässer für den Ausbau von Vin Santo.

Cuvée Verschnitt von verschiedenen Gewächsen zu einem Wein mit einer ausgewogenen Balance von verschiedenen Eigenschaften. Vor allem im Chianti Classico bei den Rotweinen üblich.

DOC *Denominazione di origine controllata* – kontrollierte Herkunftsbezeichnung für Weine gehobener Qualität. Hektarerträge, Rebsorten und Ausbaumethoden werden festgelegt.

DOCG *Denominazione di origine controllata e garantita* – kontrollierte Herkunftsbezeichnung mit verschärften Prüfungskriterien für Weine gehobener Qualität. Die oberste Klassifikationsstufe mit noch strengeren Auflagen als bei der DOC-Zone. In der Toskana haben sechs Zonen DOCG-Status: Chianti mit seinen sechs Anbaugebieten, Chianti Classico, Brunello di Montalcino, Vino Nobile di Montepulciano, Vernaccia di San Gimignano und Carmignano.

Extrakt Darunter versteht man Farb- und Gerbstoffe, die Mineralien und den Zuckergehalt eines Weines, also das, was übrigbleiben würde, wenn Wasser, Alkohol und andere flüchtige Stoffe aus dem Wein entfernt werden. Vom zuckerfreien Extrakt spricht man, wenn vom Gesamtextrakt noch der Zuckergehalt entfernt wird. Große Weine weisen stets hohe Extraktwerte auf.

Fattoria Weingut oder Bauernhof.

Frizzante Spritzig, leicht perlend.

Gallo Nero Der schwarze Hahn ist das Symbol für den klassischen Chianti Classico. Er steht für die Mitgliedschaft im Consorzio del marchio storico, das höhere Anforderungen an die Weinqualität stellt als das italienische Weingesetz.

Grappa Italienischer Tresterbranntwein, der in der Toskana überwiegend aus Sangiovese erzeugt wird.

Hefe Darunter versteht man Mikroorganismen, die die alkoholische Gärung in Gang bringen. Hefe ist im natürlichen Hefepilz auf den reifen Trauben, die gepreßt werden. Manche Winzer verwenden gezüchtete „Reinzuchthefen". Auch die Ablagerung, die sich beim Ausbau des Weins auf dem Faßboden bildet, wird Hefe genannt, italienisch: *feccia.*

Holzfaß siehe *Botte*.

IGT *Indicazione geografica tipica*: neue Kategorie für typisch toskanische Weine, auch für herausragende Tafelweine, die sogenannten Super Tuscans – siehe *Super Tuscan.*

Klon Griechisch für Zweig, Reis. Im Weinbau bedeutet das, daß verschiedene Variationen einer Rebsorte, z.B. Sangiovese, gezüchtet werden, um möglichst viele gute Eigenschaften zu bündeln, z.B. Größe der Trauben und Beeren, Fruchtcharakter, Ertrag etc.

Malolaktische Gärung Junge Weine enthalten neben Weinsäure auch aggressive Apfelsäure, die vor allem Rotweine nahezu ungenießbar machen würde. In einer natürlichen oder auch künstlich eingeleiteten zweiten Gärung, die der alkoholischen folgt, wird die Apfelsäure durch Milchsäurebakterien in die mildere Milchsäure umgewandelt. Bei manchen jungen Rotweinen erinnert ein Duft von Joghurt oder Milch an diesen Prozeß.

Nase Das Bouquet eines Weins – siehe *Bouquet*.

Riserva Weine aus besseren Jahrgängen und einer besonders sorgfältigen Traubenauslese. Riservas werden nicht unter zwei Jahren im Holzfaß oder Barrique ausgebaut; danach folgt ein Flaschenlager von bis zu einem Jahr.

Säure Jeder Wein enthält Säuren. Dabei gilt: Ist der Säurewert zu niedrig, schmeckt der Wein fad und belanglos bis breit. Ist er zu hoch, wird der Wein sauer. Generell kann man sagen: Je mehr Sonne die Rebe bestrahlt, desto weniger Säure haben die Trauben.

Struktur Das Zusammenspiel von Extrakten, Gerbstoffen und Säuren in einem Wein, wobei die einzelnen Bestandteile klar wahrnehmbar sein und sich ergänzen sollten.

Super Tuscan Ein Marketingbegriff für einen qualitativ hochstehenden Tafelwein (*Vino da tavola*), für den nicht die DOC-Kriterien gelten. Meist sind es Weine auf Sangiovese- oder Cabernet-Sauvignon-Basis, denen Cabernet bzw. Sangiovese zugegeben werden. Andere wiederum sind reinsortige Weine aus Sangiovese, Cabernet Sauvignon oder Merlot.

Tannine Gerbstoffe, Gerbsäuren, die in den Stielen und Beerenhäuten der Trauben sind oder vom neuen Eichenholz der Barriques in den Wein gelangen. Tannine verbessern die Lagerqualität eines Rotweins und werden mit der Zeit abgebaut.

Terroir Bodenbeschaffenheit, Sonneneinstrahlung, mikroklimatische Verhältnisse eines Weinbergs. Ist besonders wichtig bei der Erzeugung großer Weine, die nur aus einer Lage stammen.

Trester Ausgepreßte Traubenschalen und Stiele.

Vino da tavola Früher die niedrigste Qualitätsstufe, heute fast nur noch qualitativ hochstehende, meist im Barrique ausgebaute Weine, oft die ersten des Weinguts. Siehe *Super Tuscan.*

Vin Santo Ein edelsüßer Dessertwein, überwiegend aus drei Monate getrockneten, rosinenartigen Malvasia- und Trebbiano-Trauben gekeltert. Gärung und Ausbau in kleinen Fässern dauern meist jahrelang.

Bezugsquellen

Chianti Classico

Castello di Ama

Segnitz
Bremer Weinkolleg
Löwenhof
D-28844 Weyhe
Tel. 04203/8 13 00

Andrä Vergeiner
Am Markt 1
A-9900 Lienz
Tel. 04852/66 80

Martel AG
Poststraße 11
CH-9001 St. Gallen
Tel. 071/226 94 00

Badia a Coltibuono

Benzo GmbH
Montanstraße 25
D-13407 Berlin
Tel. 0304/11 17 58

De Lucia GmbH
Raiffeisenstraße 3
D-46359 Heiden
Tel. 0286/79 73 50

Fischer + Trezza
Ulmer Straße 150
D-70188 Stuttgart
Tel. 0711/460 67 00

Josef Schöpf
Weinimport
Daimlerstraße 33,
D-85748 Gauting
Tel. 089/320 40 01

Schlumberger
Heiligenstätter Str. 35-41
A-1190 Wien
Tel. 01/36 92 25 60

Bataillard & Cie AG
Hasenmoosstraße 33
CH-6023 Rothenburg
Tel. 041/289 61 61

Barone Ricasoli

Fischer & Trezza
Ulmer Straße 150
D-70188 Stuttgart
Tel. 0711/460 67 00

Wein & Co
Habsburgerstraße 3
A-1010 Wien
Tel. 01/535 09 16

Vintra Weinimport
Krähbühlstraße 16
CH-8044 Zürich
Tel. 01/260 63 99

Castello di Bossi

Vina-Import
Otto-Heilmann-Straße 21
D-82031 Grünwald
Tel. 089/641 01 83

Interdrink
Wieser Getränke
A-5721 Piesendorf 350
Tel. 06549/7 32 80

Romedi-Weine
CH-7523 Madulain
Tel. 081/854 12 31

Podere La Brancaia

Loc. Brancaia
53011 Castellina in Chianti
Tel. 0577/74 30 84
Besuch vorher anmelden

Peter Clüsserath GmbH
Corneliusstr. 187
D-47918 Tönisvorst
Tel. 02151/9 79 70

Castello di Cacchiano

Segnitz
Bremer Weinkolleg
Löwenhof
D-28844 Weyhe
Tel. 04203/8 13 00

Bonvivo – Weinvertrieb
Egmatinger Straße 3
D-85635 Höhenkirchen
Tel. 08102/7 10 71

Classic Vinea
Der Wein Gourmet
Josef-Henie-Straße 3
D-89257 Illertissen
Tel. 07303/1 81 30

La Contea
di Petra Klameth
Kornelimünsterstraße 21
D-50933 Köln
Tel. 0221/947 214 97

Rudolf Holzmann
Brunnerstraße 11
A-1211 Wien
Tel. 01/25 04 84 24

Martel AG
Poststraße 11
CH-9001 St. Gallen
071/226 94 00

Villa Cafaggio

Pietro Ganga
Tilsiter Straße 2
D-41569 Rommerskirchen
Tel. 02183/13 16

Il Vinaio
Dr. Rainer Welle
Bundesstraße 37
D-79238 Ehrenkirchen/
Norsingen
Tel. 07633/1 36 03

Carobbio
Vinothek Bogenhausen
Stuntzstraße 30
D-81677 München
Tel 089/47 27 99

Castellare
Mövenpick Weinland
Brennaborstraße 5
D-44149 Dortmund
Tel. 0231/965 15 60
weitere Filialen in Hamburg, Neu-Isenburg und München

Di Gennaro
Ulmer Straße 181
D-70188 Stuttgart
Tel. 0711/16 85 30

Müller
Grazer Straße 71
A-8522 Groß St. Florian
Tel. 03464/22 34

Castell' in Villa
Franz Keller Weinimport
Schwarzer Adler
D-79235 Vogtsburg-Oberbergen
Tel. 07662/9 33 00

Stefan Hofer
Wein und Spirituosen
Brandschenkestraße 150
CH-8002 Zürich
Tel. 01/280 22 88

Cennatoio
Via del Leolino, 35
50020 Panzano in Chianti
Tel. 055/85 21 34
Besuch nach Anmeldung

In Vino
Heiner Wemhöner
Lockhauser Straße 145
D-35052 Herford
Tel. 05221/7 37 06

Le Gourmet Wein
Otto Koch Weinclub
Eschenriederstraße 47
D-82194 Gröbenzell
b. München
Tel. 08142/5 17 76

Castello di Farnetella
Peter Clüsserath GmbH
Corneliusstraße 187
D-47918 Tönisvorst
Tel. 02151/9 79 70

Garibaldi Weinimport
Eberhard Spangenberg
Frohschammerstr. 14
D-80807 München
Tel. 089/359 02 22

Alois V. Stangl
Untersbergstraße 14
A-5020 Salzburg
Tel. 0662/84 96 840

Silvino AG
Hohlstraße 130
CH-8004 Zürich
Tel. 01/242 04 02

Fattoria di Felsina
Peter Clüsserath GmbH
Corneliusstraße 187
D-47918 Tönisvorst
Tel. 02151/9 79 70

Garibaldi Weinimport
Eberhard Spangenberg
Frohschammerstr. 14
D-80807 München
Tel. 089/359 02 22

Alois V. Stangl
Untersbergstraße 14
A-5020 Salzburg
Tel. 0662/849 68 40

Silvino AG
Hohlstraße 130
CH-8004 Zürich
Tel. 01/242 04 02

Castello di Fonterutoli
Peter Clüsserath GmbH
Corneliusstraße 187
D-47918 Tönisvorst
Tel. 02151/9 79 70

Fischer + Trezza
Ulmer Straße 150
D-70188 Stuttgart
Tel. 0711/460 67 00

Smart
Food + Drink GmbH
Im Klapperhof 33
D-50670 Köln
Tel. 0221/12 04 47

Tenuta Fontodi
Peter Clüsserath GmbH
Corneliusstraße 187
D-47918 Tönisvorst
Tel. 02151/9 79 70

Fischer + Trezza
Ulmer Straße 150
D-70188 Stuttgart
Tel. 0711/460 67 00

Gagliole
Feinkost Käfer
Prinzregentenstraße 73
D-81675 München
Tel. 089/4 16 81

Mövenpick Weinland
Brennaborstraße 5
D-44149 Dortmund
Tel. 0231/965 15 60
weitere Filialen in Hamburg, Neu-Isenburg und München

Caves Mövenpick
Zürichstraße 77
CH-8134 Adliswil
Tel. 01/712 25 61
und 712 24 79

Agricoltori del Chianti Geografico
Weinwelt
Mack & Schühle
Neuerstraße 45
D-73277 Owen/Teck
Tel. 07021/570 12 20

Chevalier des Grand Cru
Ripacher 9
CH-8315 Lindau,
Tel. 052/345 17 00

Castelli del Grevepesa
Eggers & Franke
Töferbohmstraße
D-28060 Bremen
Tel. 0421/305 31 10

Josef Kössler
Bert-Köllensperger-Straße 5b
A-6065 Thaur
Tel. 05223/4 55 70

Landolt Weine AG
Brandschenkestraße 60
CH-8039 Zürich
Tel. 01/283 26 26

Isole e Olena

Garibaldi Weinimport
Eberhard Spangenberg
Frohschammerstr. 14
D-80807 München
Tel. 089/359 02 22

Canetti S.A.
Centro Industriale
Al Zandone
CH-6616 Losone
Tel. 091/791 63 31

Cave S.A.
28, rue de Malagny
CH-1196 Gland
Tel. 022/354 20 20

Scala Vini
Christoph Kunzli
Promenade 119
CH-7270-Davos
Tel. 081/416 55 10

Castello di Lilliano

Loc. Lilliano
53011 Castellina in Chianti
Tel. 0577/74 30 70
Besuch nach Voranmeldung

Vino Grande
Th. Kierdorf
Von-Schmoller-Straße 8
D-45128 Essen
Tel. 0201/79 66 98

Livernano

Keine Angaben zu Importeuren in Deutschland, Österreich und Schweiz; die Weine sind über das Gut direkt zu beziehen.

Fattoria Machiavelli

Feinkost Spina
Maria Probst-Straße 49
D-80939 München
Tel. 089/316 93 90
und 37 15 82 88

Weinkellerei Aarau
Rohrerstraße 64
CH-5001 Aarau
Tel. 062/838 00 30

Fattoria La Massa

Peter Clüsserath GmbH
Corneliusstraße 187
D-47918 Tönisvorst
Tel. 02151/9 79 70

Georg Hack
Haus der guten Weine
Schützenstraße 1
D-88709 Meersburg
a. Bodensee
Tel. 07532/90 97

Piero Massi
Brühlerstraße 25-27
D-50968 Köln
Tel. 0221/934 76 30

Vino Grande
Th. Kierdorf
Von-Schmoller-Str. 8
D-45128 Essen
Tel. 0201/79 66 98

Wein-Bastion
Schillerstraße 1
D-89077 Ulm
Tel. 0731/6 69 93

Wein & Mehr
Im Gewerbespark D9A
D-93059 Regensburg
Tel. 0941/46 68 00

Collection Cologna
Bauernfeindstraße 7
A-5020 Salzburg
Tel. 0662/870 50 00

Vintra
Weinimporte
Krähbühlstraße 16
CH-8044 Zürich
Tel. 01/260 63 99

Melini

Feinkost Spina GmbH
Maria Probst-Straße 49
D-80939 München
Tel. 089/316 93 90

Importeure CH:
Caves Mövenpick
Zürichstraße 77
CH-8134 Adliswil
Tel. 01/712 25 61

Montevertine

Mövenpick Weinland
Brennaborstraße 5
D-44149 Dortmund
Tel. 0231/965 15 60

C + D
Weinhandelsgesellschaft
Postfach 1163
D-53340 Meckenheim
Tel. 02225/91 20 54

Harald Bremer GmbH
Efeuweg 3
D-38104 Braunschweig
Tel. 0531/23 73 60

Fischer + Trezza
Ulmer Straße 150
D-70188 Stuttgart
Tel. 0711/460 67 00

Bonvino – Weinvertrieb
Egmatinger Straße 3
D-85635 Höhenkirchen
Tel. 08102/7 10 73

Schulz & Partner
Weinhandel
Parkstraße 4
A-2971 Hinterbrühl
Tel. 02236/26 56 10

Buonvinici
Riccardo & Söhne
Hafnerstraße 60
CH-8005 Zürich
Tel. 01/271 91 95

Fattoria Nittardi

Bonvino – Weinvertrieb
Egmatinger Straße 3
D-85635 Höhenkirchen
Tel. 08102/7 10 73

Stefania Canali
Eppsteiner Straße 3
D-63023 Frankfurt
Tel. 069/72 09 99

Fischer + Trezza
Ulmer Straße 150
D-70188 Stuttgart
Tel. 0711/460 67 00

Collection Cologna
Pauernfeindstraße 7
A-5020 Salzburg
Tel. 0662/870 50 00

Barilis Vinothek
Schulstraße 1
CH-8952 Schlieren
Tel. 01/773 38 38

Fattoria di Nozzole
Importeure
siehe Ruffino, S. 261

Poggerino
Peter Clüsserath GmbH
Corneliusstraße 187
D-47918 Tönisvorst
Tel. 02151/9 79 70

Poggio al Sole
Loc. Badia a Passignano
50028 Tavarnelle
Val di Pesa
Tel. 055/807 15 04
Besuch nach Voran-
meldung

Thomas Dutz
Italienische Weine
Franz-Liszt-Straße 4
D-85521 Ottobrunn
Tel. 089/60 85 56 91
und 60 85 56 92

Alois V. Stangl
Untersbergstraße 14
A-5020 Salzburg
Tel. 0662/849 68 40

Andrea Davaz
Porta Rätia
CH-7306 Fläsch
Tel. 081/302 17 10

Castello di Querceto
Di Gennaro
Ulmerstraße 181
D-70188 Stuttgart
Tel. 0711/16 85 30

Vinothek Dölllerer
Am Marktplatz 56
A-5440 Golling
Tel. 06244/4 22 00

Querciabella
Peter Clüsserath GmbH
Corneliusstraße 187
47918 Tönisvorst
Tel. 02151/9 79 70

Castello dei Rampolla
Alpina
Alpenstraße 35-37
D-86807 Buchloe
Tel. 08241/5 00 50

Peter Clüsserath GmbH
Corneliusstraße 187
D-47918 Tönisvorst
Tel. 02151/9 79 70

Fischer + Trezza
Ulmer Straße 150
D-70188 Stuttgart
Tel. 0711/460 67 00

Importeur für
Österreich:
VINUM Vinothèque
Brennerstraße 28
I-39100 Bozen
Tel 0471/97 81 46

Il Caratello
Heiligkreuzstraße 3
CH-9008 St. Gallen
Tel. 071/244 88 55

Weibel Weine AG
Moosweg 40
CH-3602 Thun
Tel. 033/334 55 55

Riècine
Gute Weine
Heiner Lobenberg
Am Dobben 82
D-28203 Bremen
Tel. 0421/70 56 66

Wiebel Weine AG
Moosweg 40
CH-Thun
Tel. 033/344 55 55

Rocca di Montegrossi
La Cantina
Kreuzbergstraße 76
D-10965 Berlin
Tel. 030/785 87 93

Lucio Manferini
Schillerstraße 22-24
D-41061 Mönchen-
gladbach
Tel. 02161/20 80 51

Josef Schopf
Daimlerstraße 22
D-85748 Garching
bei München
Tel. 089/320 30 31

Non solo Vino
Marienstraße 10
A-4020 Linz/Österreich
Tel. 0732/79 77 88

Vinothek Carl Studer
Langensandstraße 7
CH-6005 Luzern
Tel. 041/361 10 40

Vinverum
Hans Wachtler
Elisabethenanlage 7
CH-4051 Basel
Tel. 061/205 85 98

**Castello
San Polo in Rosso**
Fegers & Underberg
& Berts
Heumarkt 55-57
D-50667 Köln
Tel. 0221/258 15 30/16 31

Hermann Munzert
Damaschkestraße 11
D-81825 München
Tel. 089/42 18 27

Vino e Pane
Am Dornbusch 24
D-60320 Frankfurt/Main
Tel. 069/560 11 14

Alois v. Stangl
Untersbergstraße 14
A-5020 Salzburg
Tel. 0662/87 45 99

A Tavola GmbH
Weißensteinstraße 12
CH-4059 Basel
Tel. 061/331 73 73

San Fabiano Calcinaia

Garibaldi Weinimport
Eberhard Spangenberg
Frohschammerstr. 14
D-80807 München
Tel. 089/359 02 22

San Felice

Manni's
Weineck im Rewe-Team
Günterring Straße 5
D-82229 Seefeld
Tel. 08152/7 96 49

San Giusto a Rentennano

La Cave Steines
Taufkirchner Straße 2
D-85435 Erding
Tel. 08122/1 82 00

Fattoria Terrabianca

Vinothek
Bogenhausen
Stuntzstraße 30
D 81677 München
Tel. 089/47 27 99

Valtellina

Peter Clüsserath GmbH
Corneliusstraße 187
D-47918 Tönisvorst
Tel. 02151/9 79 70

Dallmayr
Dienerstraße 14-15
D-80331 München
Tel. 089/213 51 72

Tenuta Vecchie Terre di Montefili

Piero Massi
Brühler Straße 27
D-50968 Köln
Tel. 0221/934 76 30

Karl-Heinz Kögler
Dorfstraße 14
D-85662 Hohenbrunn
Tel. 08102/60 26

Alois Morandell & Sohn
Wörgler Boden 13-15
A-6300 Wörgl/Tirol
Tel. 05332/7 85 50

Zanini-Sulmoni SA
Casella postale
CH-6853 Ligornetto
Tel. 091/647 23 32

Tenuta Vicchiomaggio

Villa Vinum
Mauergasse 10
D-65183 Wiesbaden
Tel. 0611/30 99 00

Weinkontor Übersee
An den Bleichen 14
D-48151 Münster
Tel. 0251/52 13 14

Castello di Volpaia

Peter Clüsserath GmbH
Corneliusstraße 187
D-47918 Tönisvorst
Tel. 02151/9 79 70

Montalcino

Azienda Ag. Altesino

Feinkost Käfer
Prinzregentenstraße 73
D 81675 München
Tel. 089/4 16 81

Peter Clüsserath GmbH
Corneliusstraße 187
D-47918 Tönisvorst
Tel. 02151/9 79 70

Zanini-Sulmoni SA
Casella postale
CH-6853 Ligornetto
Tel. 091/647 23 32

Tenuta di Argiano

Peter Clüsserath GmbH
Corneliusstraße 187
D-47918 Tönisvorst
Tel. 02151/9 79 70

Castello Banfi

Importeure für Deutschland und Österreich:

VINUM Vinothèque
Franz Röll
Brennerstraße 28
I-39100 Bozen
Tel. 0471/97 81 46

Weinhandel
Rudolf Bindella
Hönggerstraße 115
CH-8037 Zürich
Tel. 01/276 62 62

Fattoria dei Barbi

Reidemeister & Ulrichs
Auf der Muggenburg 7
D-28217 Bremen
Tel. 0421/3 99 40

C. August Egli AG
Leimbachstraße 5
CH-8041 Zürich
Tel. 01/488 48 48

Biondi-Santi

Pro Idee
Auf der Hüls 205
52053 Aachen
Tel. 0241/1 09 11

Camigliano

Weinhaus Gundel
Heimatshausener Straße 24
D 82319 Starnberg
Tel. 08151/2 98 50

Fabbroni SA
Via Moderno 16
CH-6901 Lugano
Tel. 091/923 52 07

Zanolari & Söhne
Salvatorenstraße 88
CH-7007 Chur
Tel. 081/252 15 52

Tenuta Caparzo

Ars Vivendi S.C. Lanza
Miraustraße 27-29

D-13509 Berlin
Tel. 030/41 10 78 31

Peter Clüsserath GmbH
Corneliusstraße 187
D-47918 Tönisvorst
Tel. 02151/9 79 70

Mövenpick Weinland
Brennaborstraße 5
D-44149 Dortmund
Tel. 0231/965 15 60

Casanova di Neri

Fischer + Trezza
Ulmer Straße 150
D-70188 Stuttgart
Tel. 0711/460 67 00

Castelgiocondo

Importeure
siehe Frescobaldi, S. 260

Col d'Orcia

La Cave Steines
Taufkirchner Straße 2
D-85424 Erding
Tel. 08122/1 82 00

Peter Clüsserath GmbH
Corneliusstraße 187
D-47918 Tönisvorst
Tel. 02151/9 79 70

Weibel Weine AG
Moosweg 40
CH-3602 Thun
Tel. 033/334 55 55

La Fiorita

La Cave Steines
Taufkirchner Straße 2
D-85424 Erding
Tel. 08122/1 82 00

Fattoria Lisini

Adriano Tristano
Weinimport
Ackerstraße 78
D-51065 Köln
Tel. 0221/69 52 92

Gastrovin AG
Kiesbachstraße 4
CH-8600 Dübendorf
Tel. 01/802 71 71

Luce

Importeure
siehe Frescobaldi, S. 260

Mastrojanni

Las Cave Steines
Taufkirchner Straße 2
D-85435 Erding
Tel. 08122/1 82 00

Wein & Co
Habsburgerstraße 13
A-1010 Wien
Tel. 01/53 50 916

Chiodi SA
Via Delta 24
CH-6612 Ascona
Tel. 091/791 16 82

Fischer & Rihs
Les Grand Vins
du Monde
17, rue des Marchadises
CH-2502 Bienne
Tel. 032/322 47 41

Il Caratello
Heiligkreuzstraße 3
CH-9008 St. Gallen
Tel. 071/244 88 55

Siro Pacenti

Thomas Dutz
Italienische Weine
Franz-Liszt-Straße 4
D-85521 Ottobrunn
Tel. 089/60 85 56 91
und 60 85 56 92

Vennerhus Weine
Dorfstraße 14
CH-3506 Grosshöchst-
stetten
Tel. 031/711 15 75

Ciacci Piccolomini d'Aragona

La Cave Steines
Taufkirchner Straße 2
D-85424 Erding
Tel. 0 81 22/1 82 00

Agostina Pieri

Thomas Dutz
Italienische Weine
Franz-Liszt-Straße 4
D-85521 Ottobrunn
Tel. 089/60 85 56 91
und 60 85 56 92

Enothek Halde 9
Untere Halde 9
CH-5400 Baden
Tel. 056/436 86 36

Pieve Santa Restituta

Weinhaus Gundel
Heimatshausener
Straße 24
D-82319 Starnberg
Tel. 08151/2 95 80

Poggio Antico

Fischer + Trezza
Ulmer Straße 150
D-70188 Stuttgart
Tel. 0711/460 67 00

Vino Divino
Peter Weck
D-50667 Köln
Tel. 0221/258 07 51

Collection Cologna
Pauernfeindstraße 7
A-5020 Salzburg
Tel. 0662/870 50 00

Dettling & Marmot
Korporationsweg 15
CH-8832 Wollerau
Tel. 01/787 45 45

Salvioni ~ La Cerbaiola

Thomas Dutz
Italienische Weine
Franz-Liszt-Straße 4
D-85521 Ottobrunn
Tel. 089/60 85 56 91
und 60 85 56 92

Val di Suga

La Cave Steines
Taufkirchner Straße 2
D-85424 Erding
Tel. 08122/1 82 00

Borgovecchio
Via Sottobisio 5
CH-Balerna
Tel. 091/697 63 43

Montepulciano

Avignonesi
Peter Clüsserath GmbH
Corneliusstraße 187
D-47918 Tönisvorst
Tel. 02151/9 79 70

Fischer + Trezza
Ulmer Straße 150
D-70188 Stuttgart
Tel. 0711/460 67 00

Rudolf Wagner KG
Scharnsteinerstraße 1
A-4810 Gmunden
Tel. 07612/78 40

Weibel Weine AG
Moosweg 40
CH-3602 Thun
Tel. 033/334 55 55

Bindella
Ludwig von Kapff GmbH
Auf der Muggenburg 7
D-28217 Bremen
Tel. 0421/399 43 00

Schlumberger
Wein- und Sektkellerei
Heiligenstätter Str. 35-41
A-1190 Wien
Tel. 01/36 92 25 60

Weinhandel R. Bindella
Hönggerstraße 115
CH-8037 Zürich
Tel. 01/276 62 62

Poderi Boscarelli
Peter Clüsserath GmbH
Corneliusstraße 187
D-47918 Tönisvorst
Tel. 02151/9 79 70

Dei
D.C. Weinimport
Niederhofheimerstr. 61
D 65719 Hofheim
Tel. 06192/2 09 70

Poliziano
Bacchus Vinothek
Michael Grimm
Oberndorfer Straße 2
D-78628 Rottweil
Tel. 0741/1 72 06

Fischer + Trezza
Ulmer Straße 150
D-70188 Stuttgart
Tel. 0711/460 67 00

Kölner Weinkeller
Stolbergstraße 92
D-50993 Köln
Tel. 0221/149 87 20

Collection Cologna
Pauernfeindstraße 7
A-5020 Salzburg
Tel. 0662/870 50 00

Wein & Co
Habsburgerstraße 3
A 10190 Wien
Tel. 01/535 09 16

Salcheto
Italgastro
Daimlerstraße 1
D-67141 Neuhofen
Tel. 06236/41 55 07

Tenuta S. Agnese Fanetti
Kein Vertrieb außerhalb Italiens, eventuelle Privatimporteure im Weingut erfragen.

Villa Sant'Anna
En Vaso
Bachstraße 14
D-85414 Kirchdorf
Tel. 08166/32 33

Di Gennaro
Ulmerstraße 181
D 70188 Stuttgart
Tel. 0711/16 85 30

Stockmann & Baks
Außer der Schleifmühle 12
D-28203 Bremen
Tel. 0421/32 60 19

Tenuta Trerose
La Cave Steines
Taufkirchner Straße 2
D-85435 Erding
Tel. 08122/1 82 00

Borgovecchio
Via Sottobisio 5
CH-Balerna
Tel. 091/697 63 43

Tenuta Valdipiatta
Vinothek
Bogenhausen
Stuntzstraße 30
D-81677 München
Tel. 089/47 27 99

Barbaro GmbH
Freyung 3/
Palais Harrach
A-1010 Wien
Tel. 01/440 59 58

Terravigna AG
Drosselweg 4
CH-3427 Utzendorf
Tel. 032/665 45 11

Veni Vino Vici
Haus zur Pfeffermühle
Hauptstraße 44
CH-5036 Unterentfelden
b. Aarau
Tel. 062/723 09 79

Maremma

Vignaiolo Erik Banti
Garibaldi Weinimport
Eberhard Spangenberg
Frohschammerstr. 14
D-80807 München
Tel. 089/359 02 22

Martel AG
Poststraße 11
CH 9001 St. Gallen
Tel. 071/226 94 00

Azienda Harald Bremer Podere San Michele
Harald Bremer
Efeuweg 3
D-38104 Braunschweig
Tel. 0531/23 73 60

Podere Grattamacco
Garibaldi Weinimport
Eberhard Spangenberg
Frohschammerstr. 14
D-80807 München
Tel. 089/359 02 22

Stefan Hofer
Weine u. Spirituosen
Brandschenkestraße 150
CH-8002 Zürich
Tel. 01/280 22 88

Meleta
Direktvertrieb durch das Weingut oder Kauf ab Weingut

Tenuta dell'Ornellaia
Alpina
Alpenstraße 35-37
D-86807 Buchloe
Tel. 08241/5 00 50

C + D
Weinhandelsgesellschaft
Postfach 1163
D-53340 Meckenheim
Tel. 02225/91 20 54

La Cave Steines
Taufkirchner Straße 2
D-85424 Erding,
Tel. 0 81 22/182 00

Alois Morandell & Sohn
Wörgler Boden 13-15
A-6300 Wörgl/Tirol
Tel. 05332/78 55 50

Weinhandel
Rudolf Bindella
Hönggerstraße 115
CH-8037 Zürich
Tel. 01/276 62 62

Le Pupille
Fischer + Trezza
Ulmer Straße 150
D-70188 Stuttgart
Tel. 0711/460 67 00

Tenuta San Guido
Alpenstraße 35-37
D-86807 Buchloe
Tel. 08241/5 00 50

C + D
Weinhandelsgesellschaft
Postfach 1163
D-53340 Meckenheim
Tel. 02225/91 20 54

Alois Morandell & Sohn
Wörgler Boden 13-15
A-6300 Wörgl/Tirol
Tel. 05332/78 55 50

Weinhandel
Rudolf Bindella
Hönggerstraße 115
CH-8037 Zürich
Tel. 01/276 62 62

Sonstige Anbaugebiete

Villa la Selva
Die Weine sind im Ausland nur über das Weingut selbst zu beziehen.

Capezzana
Smart
Food & Drink GmbH
Im Klapperhof 33
D-50670 Köln
Tel. 0221/12 04 47

Il Poggiolo
Rupert Rösch
Oppenheimer
Landstraße 44
D-60506 Frankfurt/Main
Tel. 069/61 33 97

Marchesi Antinori
Reidemeister & Ulrichs
Auf der Muggenburg 7
D-28217 Bremen
Tel. 0421/3 99 40

Alois Morandell & Sohn
Wörgler Boden 13-15
A-6300 Wörgl/Tirol
Tel. 05332/78 55 50

Weinhandel
Rudolf Bindella
Hönggerstraße 115
CH-8037 Zürich
Tel. 01/276 62 62

Marchesi de' Frescobaldi
Schlumberger
Buschstraße 20
D-53340 Meckenheim
Tel. 02225/92 50

Mövenpick Weinland
Brennaborstraße 5
D-44149 Dortmund
Tel. 0231/965 15 60

Schlumberger
Wein- und Sektkellerei
Heiligenstätter Str. 35-41
A-1190 Wien
Tel. 01/36 92 25 60

Caves Mövenpick
Zürichstraße 77
CH-8134 Adliswil
Tel. 01/712 25 61
und 712 24 79

Fattoria Lilliano
Importeure beim Weingut erfragen

Tenuta Villa Ortaglia
Peter Clüsserath GmbH
Corneliusstraße 187
D-47918 Tönisvorst
Tel. 02151/9 79 70

Fattoria Colle Verde
Thomas Dutz
Italienische Weine
Franz-Liszt-Straße 4
D-85521 Ottobrunn
Tel. 089/60 85 56 91
und 60 85 56 92

Fattoria Badi di Morrona
Casa del Vino
Pfarrer Kneib-Straße 7
D-84478 Waldkraiburg
Tel. 08638/38 19

Enoteca Federico
Poolstraße 25
D-20355 Hamburg
Tel. 040/35 18 96

PIERO MASSI
Brühler Straße 27
D-50968 Köln
Tel. 0221/934 76 30

AZIENDA AGR. BRUNO MOOS
Bruno Moos vertreibt seine Weine privat in Deutschland, Österreich und der Schweiz. Bestellungen an das Gut richten.

TENUTA DI GHIZZANO
VINOTHEK BOGENHAUSEN
Stuntzstraße 30
D-81677 München
Tel. 089/47 27 99

BOTTEGA VINI
Ahornstraße 7a
D-83455 Bogenhausen
Tel. 08651/7 87 32

FATTORIA UCCELLIERA
SIGRID BRANTL
Frauenplatz 10
D-80331 München
Tel. 089/22 38 79

RAINER HEILIGER
Bötticher Straße 7-9
D-25980 Westerland/Sylt
Tel. 04651/92 70 24

CASTELLO DI NIPOZZANO CASTELLO DI POMINO
Importeure
siehe Frescobaldi, S. 260

RUFFINO
FISCHER + TREZZA
Ulmer Straße 150
D-70188 Stuttgart
Tel. 0711/460 67 00

VINOTHEK BOGENHAUSEN
Stuntzstraße 30
D-81677 München
Tel. 089/47 27 99

ANDRÄ VERGEINER
Am Markt 1
A-9900 Lienz
Tel. 04852/66 80

ZANINI-SULMONI SA
Casella postale
CH-6853 Ligoretto
Tel. 091/647 23 32

FATTORIA SELVAPIANA
GARIBALDI WEINIMPORT
EBERHARD SPANGENBERG
Frohschammerstr. 14
D-80807 München
Tel. 089/359 02 22

ADRIANO TRISTANO WEINIMPORT
Ackerstraße 78
D-51065 Köln
Tel. 0221/69 52 92

LASTRA
THOMAS DUTZ
ITALIENISCHE WEINE
Franz-Liszt-Straße 4
D-85521 Ottobrunn
Tel. 089/60 85 56 91

TERUZZI & PUTHOD
LA CAVE STEINES
Taufkirchner Straße 2
D-85435 Erding
Tel. 08122/1 82 00

WEIN & CO
Habsburgerstraße 3
A-1010 Wien
Tel. 01/535 09 16

ZANINI-SULMONI SA
Casella postale
CH-6853 Ligoretto
Tel. 091/647 23 32

F.LLI VAGNONI
HANS DOMBERGER
Am Katzenstadel 10
D-86152 Augsburg
Tel. 0821/48 89 19

STECHER & KRAHN
Parkstraße 31
D-40777 Düsseldorf
Tel. 0211/492 00 95

VIGNANO
FRITZ CROISSANT
Dalbergstraße 1
D-67482 Venningen/Pfalz
Tel. 06323/15 38

PODERE IL CARNASCIALE
TERRA DI TOSCANA
H. STRICKER GMBH
Schwabenheimer Weg 117
D-55543 Bad Kreuznach
Tel. 0671/6 20 55

Register

COLLECTION
ROLF HEYNE

»Kompetente Führer – mit Sachverstand und Liebe zum optischen Detail verfasst.« *Alles über Wein*

Jens Priewe
Die Weine des Piemont
Der Guide für
Kenner und Genießer
ISBN 3-453-11528-7

Jens Priewe
Die Weine von Südtirol
Der Guide für
Kenner und Genießer
ISBN 3-453-15959-4

Wolfgang Faßbender
Die Weine des Elsass
Der Guide für
Kenner und Genießer
ISBN 3-453-13784-1

David Schwarzwälder
Die Weine Spaniens
Rioja, Ribera del Duero,
Valdepeñas, Navarra
ISBN 3-453-13799-X

Rudolf Knoll
Die Weine Österreichs
Der Guide für
Kenner und Genießer
ISBN 3-453-13035-9

Paula Bosch's
Auslese
100 Weintipps von
Deutschlands Sommelière Nr. 1
ISBN 3-453-16604-3

Jeder Band: 240 – 288 Seiten, durchgehend vierfarbig, gebunden.

HEYNE